JN081895

Firebase
Authentication
で学ぶ
ソーシャルログイン入門

ID管理の原則にそった実装のベストプラクティス

Auth屋 [著]　いとう りょう [監修]

SHOEISHA

本書内容に関するお問い合わせについて

このたびは翔泳社の書籍をお買い上げいただき、誠にありがとうございます。弊社では、読者の皆様からのお問い合わせに適切に対応させていただくため、以下のガイドラインへのご協力をお願い致しております。下記項目をお読みいただき、手順に従ってお問い合わせください。

●ご質問される前に

弊社Webサイトの「正誤表」をご参照ください。これまでに判明した正誤や追加情報を掲載しています。

　　　　　正誤表　　　　　https://www.shoeisha.co.jp/book/errata/

●ご質問方法

弊社Webサイトの「刊行物Q&A」をご利用ください。

　　　　　刊行物Q&A　　　https://www.shoeisha.co.jp/book/qa/

インターネットをご利用でない場合は、FAXまたは郵便にて、下記"翔泳社 愛読者サービスセンター"までお問い合わせください。電話でのご質問は、お受けしておりません。

●回答について

回答は、ご質問いただいた手段によってご返事申し上げます。ご質問の内容によっては、回答に数日ないしはそれ以上の期間を要する場合があります。

●ご質問に際してのご注意

本書の対象を越えるもの、記述個所を特定されないもの、また読者固有の環境に起因するご質問等にはお答えできませんので、あらかじめご了承ください。

●郵便物送付先およびFAX番号

　　　　　送付先住所　　　〒160-0006　東京都新宿区舟町5
　　　　　FAX番号　　　　03-5362-3818
　　　　　宛先　　　　　　（株）翔泳社 愛読者サービスセンター

はじめに

　本書はコンシューマー向けアプリのログイン機能を作る開発者に向けて、「IDaaS（IDentity as a Service）を使ったソーシャルログイン」を提案し、Fireabse Authenticationを使って、その一例を示しながら解説する本です。

　SNSのアカウントを使ってアプリへの新規登録・ログインを行う「ソーシャルログイン」は、ユーザーの利便性を向上させることにつながるため、今やあたり前といってもいい機能です。

　開発者目線でいうと、SNSに代表されるIDプロバイダ（IdP）がユーザー認証を肩代わりしてくれるので、2段階認証などの高度な認証方式をアプリに実質的に取り込むことができます。また、IdPから受け取ったユーザーの属性情報（ID：アイデンティティ）を利用して登録を簡略化できます。

　ソーシャルログインを採用することで、ユーザー認証はIDプロバイダにおまかせし、アプリ側は受け取ったIDの利用・管理の作り込みに専念しましょう。とはいえ、こうした機能を一から実装するのは困難であり、間違った実装によって脆弱性の原因となりうるあるため、IDaaSを使うのがおすすめです。

　いくつかあるコンシューマーアプリ向けのIDaaSのうち、Firebase Authenticationというサービスは、無料で使い始められるうえに実装の自由度が高く、ID管理を学ぶにははうってつけだといえます。

　本書はFirebase Authenticationの利用を例に、ソーシャルログインに加えて、「未登録」「仮登録」「本登録」「一時凍結」「退会」といったID管理のライフサイクルの実現に必要な機能を洗い出し、実装していきます。

謝辞

　監修者のいとうりょうさんには僕の曖昧な知識や表現を片っ端から修正いただき、信頼性の高い本にしていただきました。

　モウフカブールの大澤文孝さんと小笠原種高さんには今回の執筆のきっかけを作っていただいたともに、レビューにも多大なご協力をいただきました。

　久志本圭さん計田真夕さんにはサンプルコードの作成にあたりアドバイスをいただきました。

　編集者の山本智史さん、片岡仁さんには根気よくサポートいただきました。

　本書の執筆には当初の想定の何倍もの時間がかかり、途中、何度かあきらめかけましたが、皆様のおかげで書きあげることができました。本当にありがとうございます。

　最後に、協力してくれた妻、娘と、忍耐強い人間に育ててくれた両親に感謝します。

本書について

本書は、全部で7つの章から構成されています。

- 第1章 IDaaS を使ったソーシャルログイン
- 第2章 Firebase UI を用いたログイン画面の実装
- 第3章 ソーシャルログインを実現するには
- 第4章 ソーシャルログイン、本登録、仮登録
- 第5章 リカバリー
- 第6章 登録情報の変更、一時凍結・再有効化、退会
- 第7章 Firebase Auth 単体での利用

第1章ではソーシャルログインとIDaaSの利点について解説し、第2章ではUIライブラリ「Firebase UI」を用いたFirebase Authentication（Firebase Auth）によるログイン画面の制作を体験します。

第3章では、IDaaSを使ったソーシャルログインの仕組みを学び、加えてID（アイデンティティ）管理のライフサイクルをベースに、ID管理に必要な機能を学んでいきます。第4章〜第6章ではFirebase Authを使ってソーシャルログインとID管理機能を備えたアプリを制作していきます。

最後に、第7章ではFirebase Authを単体で利用する例としてシングルページアプリケーションとWeb APIを提供するバックエンドを作成していきます。

対象読者

本書は、IDaaSであるFirebase Authenticationを使った、ソーシャルログインとID管理の仕組みと実装について解説する書籍です。そのため、本書を読む際には、以下の知識があることを前提としています。

- Webアプリを始めとした、各種アプリケーションの開発経験
- 一般的なコンソールアプリ（コマンドライン）の利用経験

また、本書のサンプルアプリ開発に利用する言語はJavaScriptです。これらの文法や基本的な利用方法については解説しませんので、未学習の方は、それぞれの入門書をご覧ください。

本書付属データ (ダウンロードデータ) について

　第2章、第4章〜第7章で作成するサンプルアプリの全ソースコードは、付属データとして以下のURLからダウンロードできます。ファイルはZIP形式で圧縮されています。解凍してご利用ください。

- https://www.shoeisha.co.jp/book/download/9784798169057

　本書中では、第4章〜第6章の実装を一連の流れとしており、作業ディレクトリをchap456としていますが、付属データではchap4、chap5、chap6と分けてあります。それぞれの章に対応するディレクトリを参照してください。

　また、利用に際してお読みいただきたい情報をREADME.mdに記載してあります。あわせて参照してください。

動作環境

　本書のサンプルアプリは、以下の環境で動作確認しています。

- macOS Big Sur ／ Windows 10
- Node.js (16.17.0)
- Firebase JavaScript SDK version 9 (v9.9.3)

目次

Chapter 1　IDaaSを使ったソーシャルログイン　　　1

1.3　IDaaSのすすめ　　　　　　　　　　　　　　　15

1.4　Firebase Authentication　　　　　　　　18

4.5 設計／実装のポイント 113

Chapter 5 リカバリー 123

5.1 リカバリーとは 124

5.2 開発の準備 127

5.3 サンプルアプリの作成 129

Chapter 6   登録情報の変更、一時凍結・再有効化、退会   155

Chapter 7　Firebase Auth単体での利用　　　175

Column コラム目次

Chapter

1

IDaaSを使った
ソーシャルログイン

　コンシューマー向けアプリケーションのログインを実装する際に、ソーシャルログインと
IDaaSの利用をおすすめする理由について解説します。

1.1　ユーザー認証の実装コスト

　コンシューマー向けアプリケーション（以下、アプリ）では、**ユーザー認証**としてさまざま
な方式が使われています。そのようになった背景をベースとなるパスワード認証の課題とその
対応策を通して説明します。

1.1.1　パスワード認証の課題

　パスワード認証とは、アプリとユーザーが共有しているパスワードを利用するユーザー認証
の方式です。実装としては、「入力されたユーザー識別子とパスワードの組み合わせ」と、「あら
かじめ登録された組み合わせ」が一致することを確認するのが一般的です。アプリのユーザー
認証において最も広く使われているので、エンジニアとしてアプリを開発する際もまずはパス
ワード認証の採用を考える人が多いのではないでしょうか。

　しかし、パスワード認証には以下の4つの課題があります。

1. パスワードの失念
2. パスワードの使い回し
3. 推測されやすいパスワードの利用
4. フィッシングアプリへのパスワード入力

　以下では、説明の簡略化のためにウェブアプリをベースに説明しますが、パスワード認証で
ログインするモバイルアプリであってもこれらは共通の課題です。

　まずは、1番目の課題「パスワードの失念」について見ていきましょう。アプリを数十個レベル
で利用するのが当たり前になった今、パスワードを忘れてアプリにログインできなくなった
経験が誰しもあるのではないでしょうか。そのとき、何らかの方法でパスワードを再設定し、
再度ログインできる状態に戻したはずです。このようにログインできなくなった状態から、再
度ログインできる状態に戻すプロセスのことをアカウントリカバリー（**リカバリー**）といいます。
パスワード認証を採用した場合、ユーザーのパスワードの失念に備えて、リカバリーの準備は
必須です。

　リカバリーのために、アプリ提供者として取り得る対策の1つは、カスタマーサポートによ
るパスワードの初期化です。ユーザーの登録情報やサービスの利用状況などを照合して、カス
タマーサポート担当者がパスワードの初期化を行います。このためには、当然サポート担当者

のコストがかかりますが、多くのアプリにとって、そのようなコストは合理的ではありません。したがって、ユーザーだけで完結できるリカバリー手段としてメールアドレスや電話番号など、ユーザーが所持していることを確認済みの連絡先を用いたリカバリーが広く利用されています。

1.1.2　パスワードリスト／スプレー攻撃

　2番目の課題「パスワードの使い回し」と3番目の課題「推測されやすいパスワードの利用」に関連する攻撃、およびその対策について解説します。

　まずは「パスワードの使い回し」についてです。多くのアプリを利用するために、多くのパスワードが必要になった結果、パスワードを使い回す人が一定数います。この「パスワードの使い回し」を利用した代表的な攻撃が、**パスワードリスト攻撃**です。パスワードリスト攻撃とは、流出したユーザー識別子とパスワードを利用し、不正アクセスを試みる攻撃です。

　次に「推測されやすいパスワードの利用」を狙った代表的な攻撃として**パスワードスプレー攻撃**を紹介します。パスワードスプレー攻撃とは、アプリのユーザー識別子として使えるメールアドレスや電話番号などのリストを取得しておいたうえで、複数のユーザー識別子に対して、同じパスワードを試して不正ログインを試みる攻撃です。

　パスワードリスト攻撃やパスワードスプレー攻撃は、攻撃自体を検知しづらくするためにアクセス元を分散したり、アクセス頻度を下げたりしてログインを試行することが多く見られます。

■ ブルートフォース攻撃と辞書攻撃

　よく似た攻撃として、ブルートフォース攻撃や辞書攻撃があります。**ブルートフォース攻撃**は総当たり攻撃とも呼ばれ、論理的にありえる文字列をすべて試す攻撃です。例えば4桁の暗証番号であれば「0000」から「9999」まですべてを試す方法です。**辞書攻撃**は、辞書に載っている単語や人名を組み合わせてパスワードを生成し、不正ログインを試みる行為です。

■ 対策方法

　ブルートフォース攻撃や辞書攻撃では、1つのユーザー識別子に対して複数回のログイン試行が行われるため、一定回数ログインに失敗したユーザーのログインを禁止することで対策が可能です。一方、パスワードリスト攻撃とパスワードスプレー攻撃の場合、同じユーザーに連続的に攻撃するわけではないので、この対策は有効ではありません。また、IPアドレスなどのアクセス元やアクセス頻度による検知をしようにも、正規のログイン試行と見分けが付かないため、そのような対策は現実的には困難です。

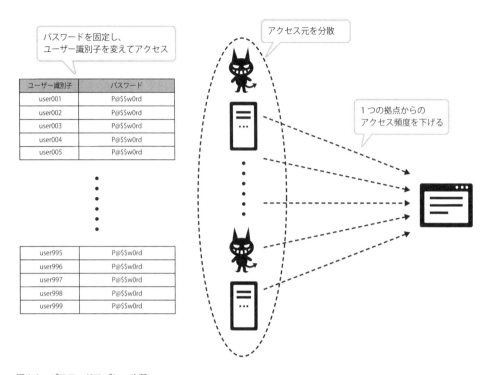

図1.1　パスワードスプレー攻撃

　パスワードリスト攻撃や、パスワードスプレー攻撃の対策としては**2要素認証**が有効です。2要素認証とは認証の3要素である「知識」「所有」「生体」のうち、2つの要素を組み合わせた認証のことです。

　知識要素とはユーザーが記憶している情報であり、パスワードや暗証番号などがあります。**所有要素**とはユーザーの所有物であり、メールやSMSを受け取れる端末、モバイルアプリがインストールされている端末、ICカードなどがあります。**生体要素**とはユーザーの身体的特徴であり、指紋、顔、網膜などがあります。

📋 **note**

要素の種類にかかわらずユーザー認証を2回行う方法や、複数要素でも個々の認証結果が正しいことを確認してから次の認証を要求することを**2段階認証**と呼ぶこともありますが、ここでは複数の要素を利用することを2要素認証と呼びます。

　2要素認証としては、知識要素であるパスワード認証に、所有要素としてモバイルアプリを組み合わせる手法が普及しています。これには例えば、モバイルアプリに通知を送りユーザーが確認するタイプや、モバイルアプリで生成したワンタイムパスワードをサイトに入力させる

タイプがあります。

　このように所有要素を組み合わせることで、パスワードリスト攻撃、パスワードスプレー攻撃でパスワード認証が破られたとしても、不正ログインを防ぐことができます。

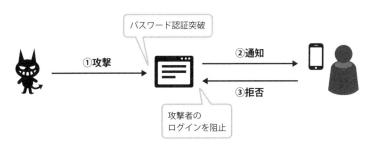

図1.2　2要素認証で不正ログインを防ぐ

1.1.3　フィッシング攻撃

　最後の課題である「フィッシングアプリへのパスワード入力」にかかわる攻撃としては**フィッシング攻撃**があります。フィッシング攻撃とは、メールやSNSの投稿から正規のサイトを模倣したフィッシングアプリ（フィッシングサイト）に誘導し、情報を入力させる攻撃です。

　図1.3にフィッシング攻撃の流れを示します。

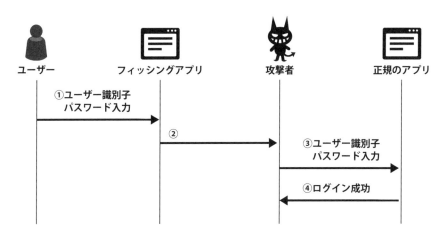

図1.3　フィッシング攻撃

　図中の「フィッシングアプリ」とはフィッシング攻撃で利用されるモバイルアプリ、ウェブアプリを想定した表現ですが、クリックしたらブラウザで開かれるウェブアプリ（フィッシン

グサイトと呼ばれるもの）が最もイメージしやすいはずですので、その想定で説明します。

> **📋 note**
> IPA（独立行政法人情報処理推進機構）が公開する「情報セキュリティ10大驚異2022」（https://www.ipa.go.jp/security/vuln/10threats2022.html）において、フィッシング攻撃は個人向け脅威の第1位として紹介されています。

■ 対策方法

　次はフィッシング攻撃への対応策について見てみましょう。先に解説したパスワード認証と所有要素による2要素認証はフィッシング攻撃の対策として機能するでしょうか。「フィッシングサイトでユーザー識別子とパスワードが盗まれても、所有要素でログインを防げるから、フィッシング攻撃の対策になっている」と考えるかもしれませんが、実はそうではありません。2要素認証であってもフィッシング攻撃が成立する流れを図1.4に示します。

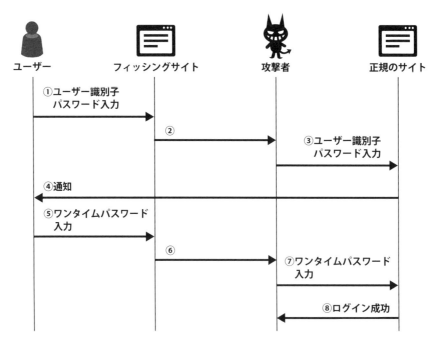

図1.4　フィッシング攻撃で2要素認証が破られる

① ユーザーがフィッシングサイトにユーザー識別子とパスワードを入力する

②③ 攻撃者はフィッシングサイトを介して取得したユーザー識別子とパスワードを正規のサイトに入力する

④ パスワード認証後、正規のサイトはユーザーのメールや SMS にワンタイムパスワードを送る

⑤ ユーザーはワンタイムパスワードをフィッシングサイトに入力する

⑥⑦ 攻撃者はフィッシングサイトを介して取得したワンタイムパスワードを正規のサイトに入力する

⑧ 攻撃者は正規のサイトのログインに成功する

　ポイントは①②③の流れを連続的に行うことです。これによって、ユーザーには①の結果として④が来たように見せかけるわけです。このようにパスワード認証をベースにした場合、2要素認証でも防ぐことはできないので、「あやしいメールのURLを開かない」「ドメインを確認する」「パスワードマネージャーで自動入力されたものだけを使う」といった、ユーザー側の対処に頼るしかありません。

1.1.4　FIDO 認証

　それでは、サイト提供側でフィッシング攻撃の対策はできないのでしょうか。現在、最も有効とされているのは**FIDO認証**です。FIDO認証とは、パスワード認証が抱えるさまざまな課題を解決するべく、脱パスワード認証として提唱されている認証方式です。

　パスワード認証と比較したFIDO認証の特徴は「ユーザーとサーバーで秘密の情報を共有しない」ことです。FIDO認証では指紋認識、顔認識、PIN入力など、手元の端末が提供する認証機能によってユーザーの認証が行われます。認証器としてはスマートフォンに搭載された指紋認識、顔認識が利用されるケースが増えています。

　FIDO認証の仕組みの概要を図1.5に示します。この図の前提として、**認証器**とウェブサイトでペアになる秘密鍵、公開鍵をそれぞれ保持しています。そして、認証器ではウェブサイトのoriginにひも付けて秘密鍵を保持しています。originとはウェブの文脈でいうとURLの「https://<ホスト名>:443」のことです（ブラウザのURL入力欄では通常「:443」は省略されます）。また、ブラウザにはウェブサイトでFIDO認証を実現するための**WebAuthn**と呼ばれるAPIがあります。図1.5の⑤で認証器を呼び出すときに利用されるのがWebAuthnです。このとき、ブラウザが自動的にoriginを指定したうえで、認証器を呼び出します。

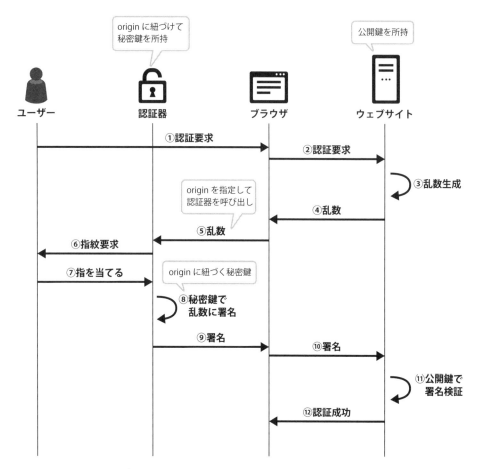

図1.5 FIDO認証によるログイン

処理の流れは以下のようになります。

①② ウェブサイトのログイン画面で認証を要求する

③ ウェブサイトで認証リクエストにひも付けて乱数を生成する

④⑤ ウェブサイトを介してブラウザに乱数が届く

⑥ ブラウザが origin を指定して認証器を呼び出す。ここで乱数が認証器に渡される

⑦ ユーザー認証が行われる

⑧ origin にひも付いた秘密鍵で乱数に署名する

⑨⑩ ブラウザとウェブサイトに署名が届く

⑪ ウェブサイトで公開鍵を使って署名を検証する

⑫ 認証成功の画面を表示する

　このようにFIDO認証では、ネットワークを介してやり取りされるのは乱数とその署名です。パスワード認証のように「秘密の情報」がネットワーク上に流れず、ウェブサイト側で保存されることもありません。すなわち、秘密の情報がウェブサイト側に保存されることを前提としたパスワードリスト攻撃、パスワードスプレー攻撃といった攻撃が成立しないのです。

　同様に、フィッシング攻撃に対してもFIDO認証は有効です。パスワード認証では人がフィッシングサイトを「正常なサイトである」と判断をすることによって攻撃が成立します。すなわち、人の判断ミスを突いた攻撃なのですが、FIDO認証には人の判断は関与しません。ブラウザがoriginを指定して認証器を呼び出し、認証器がそのoriginにもとづいて署名するからです。したがって、originの異なるフィッシングサイトから認証器を呼び出したうえで、正規サイトの秘密鍵で署名することはできないのです。

　その仕組みを図1.6に示します。

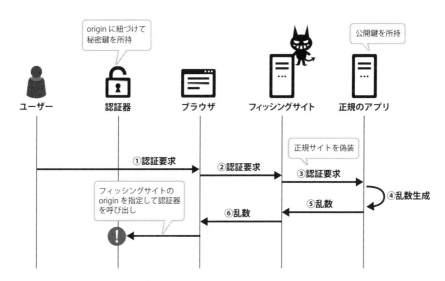

図1.6　FIDO認証とフィッシング攻撃

　フィッシングサイトが正規サイトを偽装して③の認証要求を行ったとします。⑥までは正規のサイトを偽装して進みますが、⑦で認証器を呼び出す際にはフィッシングサイトのoriginをブラウザが自動的に指定して呼び出すため、正規サイトの秘密鍵で署名が行われることはありません。

■ FIDO 認証の課題

　このようにパスワード認証が抱える課題をすべて解決しているFIDO認証にも、別の課題があります。それは認証器をなくした場合のリカバリーです。なくした場合に備えて、認証器を

事前に2つ登録してもらえばよいのですが、現実的にはハードルが高いため、結局、FIDO認証とは異なる認証方式を準備する必要が出てきます。例えば、その認証方式としてパスワード認証を採用すると、結局、本章で紹介した攻撃でそこが狙われてしまうことになり、FIDO認証を採用した意味が薄れてしまいます。とはいえ、FIDO認証ほど攻撃耐性のある認証方式はないのが現状です。

1.1.5　パスワード認証の課題と対策まとめ

パスワード認証の課題と対策をまとめると表1.1のようになります。

表1.1　パスワード認証の課題と対策

課題	対策
パスワードの失念	リカバリーの提供
パスワードの使い回し	所有要素を組み合わせた2要素認証
推測されやすいパスワードの利用	所有要素を組み合わせた2要素認証
フィッシングアプリへのパスワード入力	FIDO認証のようなフィッシング耐性を持った認証方式

単純にパスワード認証を実装するだけでは不十分で、リカバリー、2要素認証、FIDOといったものを視野にいれなければならないことがわかります。これらを正しく設計するには認証の専門家が必要であり、実装にも多大な開発コストがかかります。

一方で、ユーザー認証は、本来アプリが提供したい価値とは直接関係のないものです。その意味で、多くのアプリではユーザー認証にそれほどの開発コストをかけるのは難しいでしょう。

そこで「ソーシャルログインを用いてユーザー認証を外部サービスにまかせよう」というのが本書の提案の1つになります。次節ではソーシャルログインについて解説します。

1.2　ソーシャルログインのすすめ

本書の第1の提案は「ソーシャルログインを使おう」です。ここからは、ソーシャルログインとは何か、そしてアプリのユーザーと開発者のそれぞれの視点でのソーシャルログインのメリットについて見ていきます。

1.2.1　ソーシャルログインとは

ソーシャルログインとは普段利用しているSNSやその他のウェブサービスのユーザー認証を使ってアプリやウェブサイトに登録、ログインする仕組みのことです。

図1.7に示すような、ソーシャルログインのボタンを見たことがある人も多いはずです。

図1.7　よく見るログイン画面

　アプリに対してソーシャルログインを提供するサービスのことを**アイデンティティプロバイダ（IdP ： Identity Provider）**と呼びます。図1.7中にあるIdPの他にも、たくさんのユーザーを抱える以下のようなサービスがIdPとしてソーシャルログインを提供しています。

- Apple
- Microsoft
- Amazon
- LINE
- Yahoo! (Yahoo! JAPAN)

　さまざまなIdPが提供するものをまとめて「ソーシャルログイン」と呼んでいますが、仕組みについてはそれぞれ微妙な差があります。

> **note**
>
> ソーシャルログインには、標準化された仕様であるOpenID Connectに沿うもの、認可フレームワークでユーザーの属性情報をやり取りするもの、独自仕様のものなどがあります。このあたりの仕様については拙書『OAuth、OAuth認証、OpenID Connectの違いを整理して理解できる本』(https://booth.pm/ja/items/1550861) で詳しく説明しているので、ご興味のある方はお手に取ってご覧ください。

ID（アイデンティティ）とリライングパーティ

　アプリのログインにソーシャルログインを採用することで、ユーザー認証をIdPに肩代わりしてもらうことができます。アプリがユーザー認証に関してやるべきことは、IdPから受け取った「今、このアプリを利用しようとしているのは誰か」という情報を検証するだけです。

　また、ユーザーのログイン後であれば、アプリは任意のタイミングでユーザー名、メールアドレス、プロフィール画像などの属性情報（**アイデンティティ**、**ID**）をIdPから取得することができます。ソーシャルログインという名前でありながら、ログインのための仕組みというよりはアイデンティティ情報を活用する仕組みとして、**アイデンティティ連携（ID連携）** と呼ぶこともあります。そうしてID連携を受けるアプリのことを**リライングパーティ**と呼びます。ソーシャルログインにおいてはアプリがリライングパーティになります。

> **note**
>
> 本書では、文脈によってID連携のことを「IdPとの連携」とも表現します。

■ 「ID」という用語

　本書では「ID」という用語を頻繁に使うため、ここで「ID」という言葉について整理しておきましょう。「IdP」「ID連携」におけるIDは**IDentity（アイデンティティ）** の略です。「アプリのユーザーのアイデンティティ」という文脈に限定して考えるとアイデンティティとは「ユーザーの属性情報」を指します。例えば、「名前」「住所」「メールアドレス」「ユーザー識別子」「パスワード」「IDトークン」などが、アイデンティティになります。

　もう1つよく使われる「ID」としては、「ユーザーID」「クライアントID」といった用語で使われる「ID」があります。このIDは**IDentifier（アイデンティファイア）** の略であり、翻訳すると「識別子」となります。すなわち「ユーザーID」は複数のユーザーの中から一意にユーザーを識別するための識別子を意味します。

　本書では混乱を避けるためアイデンティファイアについては「**識別子**」という言葉を使い、「アイデンティティ」という意味においてのみ「ID」という略称を使います。

1.2.2　ユーザー視点からのメリット

　ソーシャルログインには、利用するユーザーとアプリ開発者の双方にメリットがあります。

　そのうち、ここではまずユーザー視点でのメリットを整理しましょう。ユーザー視点でのメリットは以下の2つです。

1. 新しいパスワードが必要ない
2. 初期登録の手間が少ない

■ 新しいパスワードが必要ない

　ソーシャルログインを使えば、使い慣れたSNSやウェブサービスのパスワードでログインできます。アプリのために新しいパスワードを用意し、覚える必要がありません。

■ 初期登録の手間が少ない

多くの場合、新規登録のフォームに、IdPの属性情報が初期値として設定されているので、そのまま登録する場合は入力する手間が省けます。また、場合によっては登録フォームすらなく、いきなりアプリを使い始めることができます。

1.2.3　開発者視点からのメリット

一方、ソーシャルログイン機能を実装する開発者視点からのメリットは以下の3つです。

1. 自前で一からユーザー認証を実装する必要がなくなる
2. IdPの高度な認証方式を取り込める
3. 登録時の離脱率を低減できる

■ 自前で一からユーザー認証を実装する必要がなくなる

先に述べたように、さまざまな攻撃に対応するためのユーザー認証を自前で実装するのは開発コストがかかります。しかし、ソーシャルログインを採用することで、ユーザー認証をIdPにおまかせできるので、開発コストを格段に低減できます。

■ IdPの高度な認証方式を取り込める

多くの大手のサービスでは2要素認証やFIDO認証など高度な認証方式に対応しています。ユーザーがそれらを利用している場合、ソーシャルログインを採用するアプリ側でも実質的に高度な認証方式でユーザー認証をしているといえます。

■ 登録時の離脱率を低減できる

一般的に、新規登録の手間は、離脱率の向上につながります。特にメールアドレスや電話番号の所持確認での離脱が多いことが知られています。

この離脱を避けるために、未確認状態のまま登録を完了させるアプリもありますが、他人のメールアドレスや電話番号を利用した攻撃が存在するため、確認は必須にするべきです。

ソーシャルログインを採用した場合、多くのIdPでは、ユーザーの属性情報に所持確認結果を含んでいるため、それを信用すればアプリ側での確認をスキップできます。また、IdPから取得した属性情報をフォームの初期値として設定することで、ユーザー入力の手間の低減につながります。

1.2.4　ソーシャルログイン実装時の注意点

ここでは、ソーシャルログイン実装における、以下の3つの注意点について説明します。

1. IdP ごとに仕組みが微妙に異なる
2. ソーシャルログインが使えなくなった場合のリカバリーの実装が必要
3. ID 管理の各種機能の実装が必要になる

■ IdP ごとに仕組みが微妙に異なる

1つ目の注意点はIdP ごとに仕組みが微妙に異なる点です。複数のIdP によるソーシャルログインを提供する場合、それぞれの仕様に合わせて実装する必要があります。

■ ソーシャルログインが使えなくなった場合のリカバリーの実装が必要

2つ目の注意点は、ソーシャルログインができなくなった場合のリカバリーの準備です。例えば、SNSユーザーが利用停止された場合はアプリへのソーシャルログインもできなくなります。そのような状況に備えてリカバリーが必要になるので、ソーシャルログインとは別にもう1つのユーザー認証を用意する必要があります。

■ ID 管理の各種機能の実装が必要になる

最後の注意点はアイデンティティ管理機能の実装です。これはソーシャルログインに限った話ではなく、ユーザー登録が必要なアプリ全般にいえることです。ユーザー登録があるということは、ユーザーの属性情報をアプリで管理する必要があります。しかし、「ユーザーの属性情報管理」といわれても、どのような機能が必要なのか、どのように実装すればよいのかを意識したことがない人も多いのではないでしょうか。

これらの注意点をふまえたうえで、本書のもう1つの提案としてIDaaSの利用をおすすめします。

1.3 IDaaS のすすめ

ソーシャルログインおよびID管理機能を実装するためにIDaaSの利用を提案します。ここでは一般的なIDaaSの解説と、本書で利用するIDaaSであるFirebase Authenticationの紹介を行います。

1.3.1 IDaaS とは

IDaaSとは「Identity as a Service」の略であり、「アイダース」「アイディーアース」と読みます。IDaaSは以下の機能を提供するクラウドサービスのことです。

1. ユーザーのログイン機能
2. ユーザーの ID 管理機能
3. 外部サービスとの ID 連携機能
4. ユーザーの権限や状態に応じたアクセス制御

IDaaSには大きく分けて2つの種類があります。1つは企業システム向け、もう1つはコンシューマーアプリ向けのIDaaSです。この2つは上記の機能を提供するという意味では共通しているものの、利用する目的とID連携における役割が異なります。

まず、企業システム向けのIDaaSと関連要素との関係を図1.8に示します。

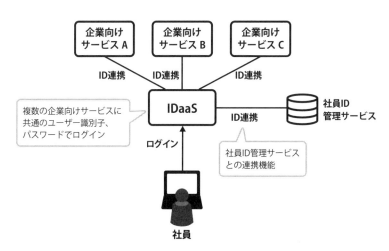

図1.8　企業システム向けIDaaS

このタイプのIDaaSを利用することで、業務で利用する複数のサービスにおいて、共通のユーザー識別子とパスワードの利用が可能になります。ID連携機能を利用する場合、IdPになるのはActive Directoryなどの社員ID管理サービスです。この場合、リライングパーティは各企業向けサービスであり、IDaaSはIdPと企業向けサービスを中継する役割を担います。なお、このタイプのIDaaSではセキュリティ監査に対応するために、アクセス履歴や管理者の作業履歴などのレポート機能を有するものが多く見られます。

次に、コンシューマーアプリ向けのIDaaSと関連要素との関係を図1.9に示します。

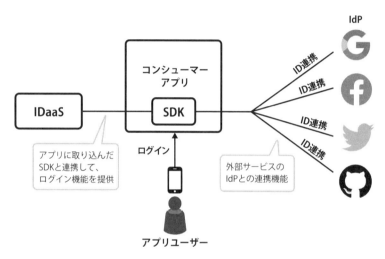

図1.9　コンシューマーアプリ向けIDaaS

コンシューマーアプリに先ほどの1.から4.の機能を組み込むことがこのタイプのIDaaSの目的です。一般的に、IDaaSのSDKが提供されており、そのSDKを使って開発することで実装コストを格段に下げることができます。ID連携の関係に注目すると、IdPはSNSやウェブサービスなどの外部サービスになります。リライングパーティはコンシューマーアプリだともいえるし、IDaaSだともいえます。この関係については第3章で詳しく解説します。

以降、本書で「IDaaS」という言葉を使ったときはこちらの「コンシューマーアプリ向けのIDaaS」を指します。このタイプのIDaaSとしてはFirebase Authentication、Auth0、AWS Cognito、Azure Active Directory BtoCなどがあります。1.から4.の機能を自分で実装するのではなく、このタイプのIDaaSにおまかせしよう、というのが本書の提案です。

1.3.2　IDaaS をおすすめする理由

先にソーシャルログイン実装時の注意点として以下の3つを挙げました。

1. IdP ごとに仕組みが微妙に異なる
2. ソーシャルログインが使えなくなった場合のリカバリーの実装が必要
3. ID 管理の各種機能の実装が必要になる

これらはすべてIDaaSにおまかせすることで解決できます。

■「IdP ごとに仕組みが微妙に異なる」の解決

IDaaSを採用した場合、IdP と直接やり取りするのはアプリではなく、IDaaSになります。し たがって、アプリ自身が各IdPの仕様に対応した実装を行う必要はありません。また、IdPの仕 様変更があった際も、IDaaS側で対応できればアプリ側で追従する必要がありません。

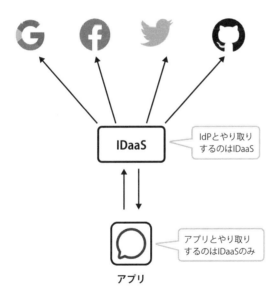

図1.10　「IdP ごとに仕組みが微妙に異なる」の解決

■「ソーシャルログインが使えなくなった場合のリカバリーの実装 が必要」の解決

リカバリーのためには何らかのユーザー認証を用意する必要があります。IDaaSはソーシャ ルログイン以外にも、パスワード認証、メールやSMSを使った認証をサポートしており、開発

者が利用したい認証方式を選択できます。それらの機能を利用すれば、アプリのセキュリティポリシーに応じた認証方式で比較的容易にリカバリーを実装できます。

　また、1人のユーザーが複数のIdPとID連携する機能も備えています。そのため1つのIdPでのソーシャルログインが使えなくなっても、もう1つのIdPでログインできる状態を保てます。

■ 「ID管理の各種機能の実装が必要になる」の解決

　IDaaSはID管理機能も提供します。IDaaSを利用することで、ID管理機能の実装コストをおさえつつ、セキュアな実装が可能になります。ID管理機能の詳細は第3章で解説します。

Column　　　　　本書で対象外のアプリ

　「コンシューマー向けアプリのログインはIDaaSを利用してソーシャルログインを採用しよう」というのが本書の提案ですが、1つ例外があります。それは特定のSNSあるいはウェブサービスとの連携が必須であり、ユーザー認証以外の目的でもそれらのサービスが提供するAPIを利用するアプリです。

　例として、Twitterユーザーでログインして、ツイートのリストを作成するアプリを考えてみましょう。「Twitterユーザーでログインしている」という意味ではソーシャルログインを採用しているといえますが、このアプリはTwitterとの連携が必須であり、Twitterをユーザー認証以外の目的でも利用しています。

　このようなアプリでは連携するIdPはTwitterだけであり、「ログインやユーザーの属性情報取得にかかわる」以外のAPIの利用については自分で実装が必要なので、IDaaSの恩恵は受けられません。素直にTwitterが提供するライブラリを利用するほうがよいでしょう。

1.4 Firebase Authentication

　本書ではIDaaSの1つであるFirebase Authenticationを使って、サンプルアプリを作りながらソーシャルログインとID管理の各種機能について学んでいきます。

　そこで本節ではFirebaseおよびFirebase Authentication（Firebase Auth）について紹介します。

1.4.1　Firebaseとは

　Firebaseはモバイルアプリ、Webアプリの開発プラットフォームであり、アプリケーションのバックエンドに必要な機能を提供するサービスであることからBackend as a service（BaaS）と呼ばれます。2011年にFirebase社がサービスを開始し、2014年にGoogle社が買収しました。

現在はGoogle社のクラウドコンピューティングサービスであるGoogle Cloudと一部統合されて提供されています。

Firebaseの提供するサービス群の一部を図1.11に示します。また、図に示す以外にもさまざまなサービスがあり、全部で19個のサービスがあります。

Firebase

Firebase Authentication
安全な認証システムの構築を支援

Cloud Firestore
データの保存、同期、紹介がグローバルスケールで簡単にできる
NoSQLドキュメントデータベース

Cloud Functions for Firebase
サーバーレスでバックエンドのコードを実行
他のFirebaseサービスのイベントをトリガーに実行できる

Cloud Storage for Firebase
写真、動画などのコンテンツの保存と提供

Firebase Hosting
高速かつ安全なウェブホスティングサービス

図1.11　Firebaseの主なサービス一覧

Firebaseを使うことで、バックエンドに必要なサーバーやネットワークの構築と運用の必要がなくなります。さらに、バックエンドの開発も最小限におさえることができるので、開発者はモバイルアプリやウェブアプリの開発に専念できます。

1.4.2　Firebase Authentication とは

Firebase Authentication（以下、Firebase Auth）はFirebaseのサービスの1つであり、IDaaSとしての機能を提供します。ログインに関してはパスワードによるログイン、各種ソーシャルログイン、メールアドレス、電話番号を使ったログイン、既存のログインとの統合といったことが可能です。また、Firebase Authはアイデンティティ管理に必要な各種機能も提供します。

Firebase Authにかかわる要素を図1.12に示します。

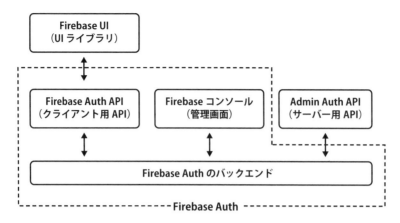

図1.12　Firebase Authの関連要素

　図の点線で囲まれた部分がFirebase Authであり、内部には3つの要素があります。

　1つはモバイルアプリやウェブアプリから呼び出すFirebase Auth API、もう1つがウェブの GUIをもつ管理画面であるFirebaseコンソール、そして最後の要素が、それらからリクエスト を受けて動作するクラウド側のバックエンドです。

　開発者はFirebase Authのバックエンドを意識することはありません。クライアントアプリ のコードの中でFirebase Auth APIを利用して、ログイン機能、ID管理機能を実装していきます。

　Firebase コンソールはFirebaseサービス全体の設定画面です。Firebase Authに関する設定 もここで行います。Firebase Authに関していうと、例えば、利用するログイン方式の有効化や、 そのオプションの設定、メールの確認の際の送信元アドレスの設定、管理者としてユーザーの 有効化、無効化、削除などが行えます。

　図1.12にはその他に2つの要素があります。1つはFirebase UIです。Firebase UIは Firebase Authをもとに作成されたUIライブラリであり、あらかじめ決められた設定項目に 値を入力していくだけで、ログインのUIおよびフローのベストプラクティスを実現できます。 Firebase UIについては第2章で詳細を解説します。

　もう1つの要素は、Admin Auth APIです。Admin Auth APIはバックエンドからFirebase Authの機能を利用するためのAPIです。Firebase Auth APIが操作できるユーザー情報は、ロ グインしたユーザー自身の情報に対してのみであるのに対して、Admin Auth APIはアプリの 管理者権限で全ユーザーへの情報の操作が可能です。Admin Auth APIの詳細は第7章で解説 します。

1.4.3 Firebase Auth を選択した理由

本書ではサンプルアプリを作りつつ、ソーシャルログインとID管理機能の設計のポイントを学んでいきます。

本書では以下の理由でFirebase Authを選択しました。

- 利用のハードルが低い
- 豊富な API で自由度が高い
- Firebase Auth 単体でも利用可能

■ 理由①：利用のハードルが低い

Firebaseはトップ画面（https://firebase.google.com/）からGoogleアカウントでログインすることで使い始められます。利用に際して必要なものはGoogleアカウントのみです。入力時のフォーム入力やクレジットカードなど支払いに関する登録もなく、すぐに利用を開始できます。

Firebaseの利用プランには無料で使えるSparkプランと従量課金制のBlazeプランがあります（https://firebase.google.com/pricing）が、Sparkプランでも十分な利用枠があるので、利用料の心配をする必要がありません。例えば、SparkプランにおけるFirebase Authの制限は「電話認証は月1万回まで」だけです。

また本書ではサンプルアプリの動作確認のためにFirebase Hostingも利用しますが、無料でストレージ容量10GB、転送量も1日あたり360MBまで利用できるため、サンプルアプリの動作確認には十分といえます。

■ 理由②：豊富な API で自由度が高い

本書では、ログインとID管理の基本的な考え方をサンプルアプリを作りながら学ぶというスタイルを取っています。したがって、「自由度は低いが、いくつかの設定さえすればベストプラクティスが実現できる」という方針のIDaaSよりも、Firebase Authのように各種機能の豊富なAPIが提供されており、自由度の高いものが適していると考えました。

■ 理由③：Firebase Auth 単体での利用も可能

Firebaseの他のサービス、例えばCloud FirestoreやCloud Functions for Firebaseなどのサービスは使わず、Firebase Authだけをアプリに組み込むことが可能です。

すなわち、DBは別のサービスのRDBを使って、ユーザー認証はFirebase Authを使う、といったことが可能であり、読者が今後、アプリを作成する際にも採用しやすいと考えました。

Firebase UI を用いた
ログイン画面の実装

　本章では、Firebase Authをもとに作成されたUIライブラリ「Firebase UI」を使って、ログイン画面を実装し、Firebase Authの手軽さを体験します。

2.1 サンプルアプリの構成

　ここでは、本章で作成するサンプルアプリの概要について解説します。

2.1.1 画面と機能

　本章では3つの画面からなるアプリを作成します。ログイン画面と、ログイン後の画面、およびページがないことを示す404画面の3つです。これら3つの画面は3つのHTMLファイルに対応します。

　それぞれの画面を図2.1〜図2.3に示します。

図2.1　ログイン画面

図2.2　ログイン後の画面

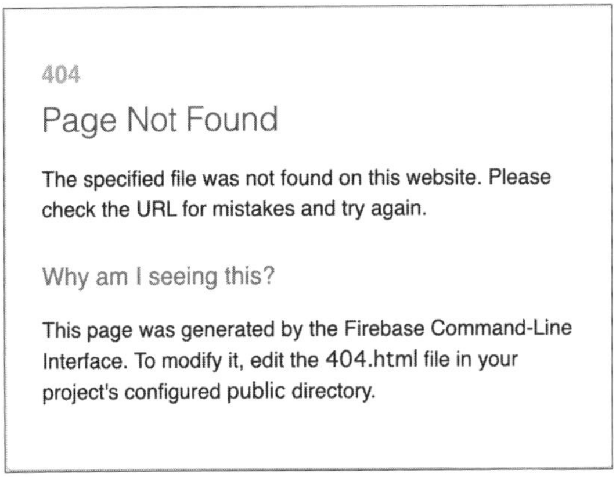

```
404
Page Not Found

The specified file was not found on this website. Please
check the URL for mistakes and try again.

Why am I seeing this?

This page was generated by the Firebase Command-Line
Interface. To modify it, edit the 404.html file in your
project's configured public directory.
```

図2.3 404画面

ログイン画面には「Googleでログイン」ボタンがあり、そのボタンを押すとポップアップで
Googleアカウントのログイン画面が表示されます。Googleアカウントの認証が完了すると、ロ
グイン後の画面が表示されます。同画面にはログイン画面に戻るためのリンクがあります。

ログイン画面には利用規約とプライバシーポリシーへのリンクがあります。これらをクリッ
クすると404画面が表示されます。本書では、404画面としてFirebaseが自動生成するものを
使っています（詳細は後述）。

ログイン画面の「2章サンプルアプリ」というタイトル以外の部分はFirebase UIが生成した
ものです。利用規約やプライバシーポリシーの表示もFirebase UIが生成しています。

また、配信のためにはFirebase Hostingを利用します。Firebase UI、Firebase Hostingにつ
いて以降で解説します。

2.1.2 Firebase UI

Firebase UI（https://firebase.google.com/docs/auth/web/firebaseui）はFirebase Auth
をもとに作成されたライブラリです。あらかじめ決められた項目を設定するだけで、ログイン
UI、ログインフローのベストプラクティスを実現できます。本書で利用するウェブ版以外にも
iOS版とAndroid版が存在します。

サンプルアプリで利用するGoogleログイン以外にもメールアドレスとパスワード、電話番号、
Facebook、GitHub、Twitter、Apple、Microsoft、Yahoo!、OpenID Connect、SAML（Security
Assertion Markup Language）などのログインに対応しています

Firebase AuthとFirebase UIの関係を、図2.4に示します。

右側余白（縦書き）：
2　Firebase UIを用いたログイン画面の実装

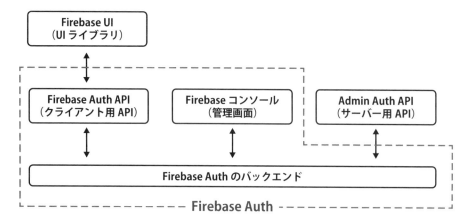

図2.4　Firebase UIとFirebase Auth の関係

　この図に示すように、Firebase UIはFirebase Auth APIを介して各種のログイン機能を実現
しています。

　そのため、Firebase Authを含む**Firebase JavaScript SDK**をプログラムに取り込みます。
本書執筆（2022年8月）時点の最新版であるversion 9には、モジュラー版とバージョン8
SDKと互換性のあるCompat版がありますが、Firebase UIはモジュラー版に対応していないた
め、Compat版を利用します。

---

 note

モジュラー版とCompat版ではプログラムへの取り込み方が異なります。Compat版の取り込みに
ついては、本章の後半のコード解説のところで示します。
なお、第4章以降ではモジュラー版を利用します。

2.1.3　Firebase Hosting

　作成したサンプルアプリの配信にはFirebase Hostingを使います。

　Firebase Hosting（https://firebase.google.com/docs/hosting）はその名のとおり、ホス
ティングサービスです。Firebaseにウェブアプリを登録する際に、Firebase Hositingを有効化
すると、アプリのプロジェクト識別子を含んだ2つのドメインが自動生成されます。そのうち、
サンプルアプリではweb.appのサブドメインを利用します。

> **note**
>
> もちろん、設定によっては独自ドメインも利用可能です。独自ドメイン設定の詳細は、以下の
> URLを参照してください。
>
> - https://firebase.google.com/docs/hosting/custom-domain

図2.5にデプロイからブラウザで閲覧するまでの流れを示します。

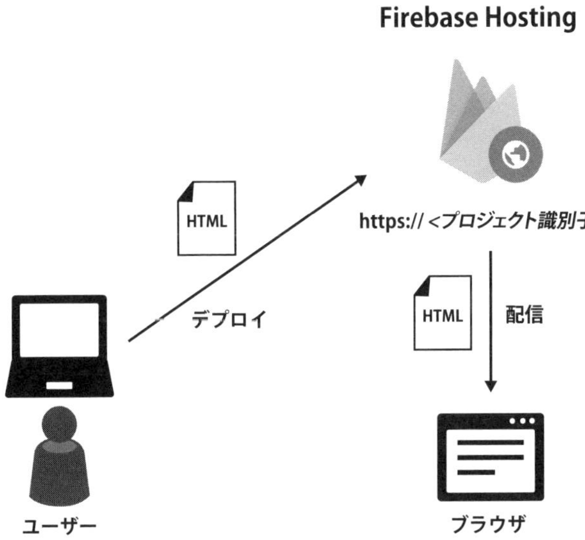

Firebase Hosting

https:// <プロジェクト識別子>.web.app/

デプロイ

配信

ユーザー　　　　　　　　　　　　　　ブラウザ

図2.5　Firebase Hosting

　図に示すとおり、手元で作成したHTMLファイルをFirebase Hostingにデプロイし、自動生
成されたURLにブラウザでアクセスして動作確認を行います。

　デプロイには**Firebase CLI**というコマンドラインツールを利用します。Firebase CLIのイン
ストールおよび利用方法については後述します。

> **note**
>
> 以降の章のサンプルアプリでも、このようにHTML、CSS、JavaScriptの静的ファイルを作成し、
> Firebase Hostingにデプロイして動作確認する、という流れで解説していきます。

2.2 Firebase コンソールでの準備

　サンプルアプリの作成の準備として、Firebase コンソールのプロジェクト作成とアプリの登録を行います。

2.2.1　Firebase プロジェクトの作成

　ここではFirebaseコンソールの画面からプロジェクトを作成します。

📋 **note**

Firebase コンソールを利用するためにはGoogleアカウントが必要なので、持っていない場合は、以下のサイトの［アカウントを作成する］からGoogleアカウントを作成してください。

- https://www.google.com/intl/ja/account/about/

　ブラウザで以下のURLにアクセスして、Firebase コンソールを開きます (図2.6)。

- https://console.firebase.google.com/

図2.6　プロジェクト作成画面

　画面中央付近にある［プロジェクトを作成］ボタンを押します。図2.7の画面が表示されるのでプロジェクト名を入力します。プロジェクト名は任意の名前を付けられますが、ここでは「social-login-chap2」としています。プロジェクト名を入力したら［続行］ボタンを押してください。

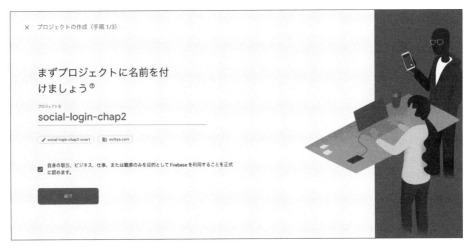

図2.7 プロジェクト名を付けましょう

図2.8が表示されます。アプリに対してGoogleアナリティクスを有効化するページですが、サンプルアプリには必要ありません。[このプロジェクトでGoogleアナリティクスを有効にする]の横のスイッチをクリックしてオフにしたうえで[プロジェクトを作成]ボタンを押します。

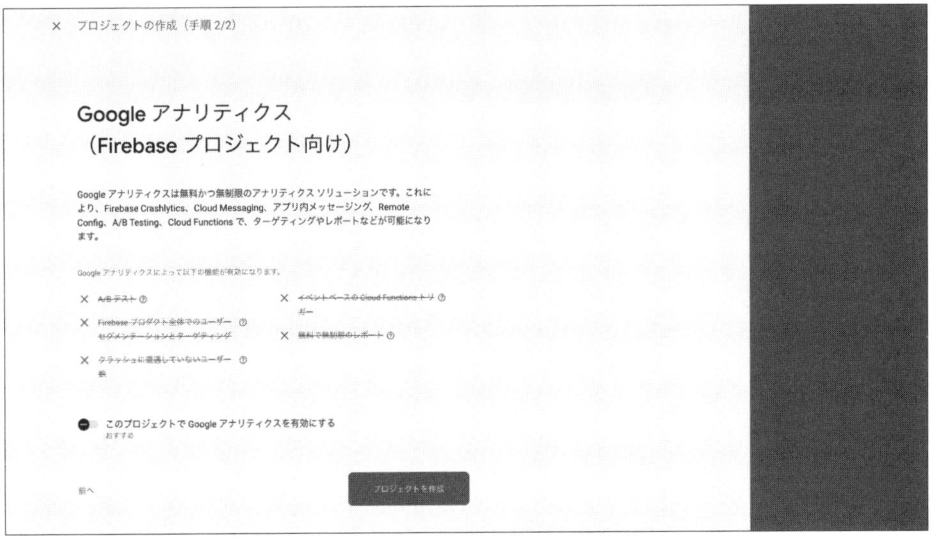

図2.8 Googleアナリティクス

　図2.9の画面が表示されたらプロジェクトの作成は完了です。[続行] ボタンを押すと図2.10のFirebaseコンソールのトップ画面に戻ります。

図2.9　新しいプロジェクトができました

図2.10　コンソールトップ

2.2.2　アプリの登録

　Firebaseではプロジェクトに複数のアプリを登録できます。登録できるアプリの種類としては、iOSアプリ、Androidアプリ、ウェブアプリ、Unityアプリがありますが、本書ではウェブアプリを登録します。

　コンソールトップ画面の「アプリにFirebaseを追加して利用を開始しましょう」の下に各種アイコンでアプリの種類が表現されています。ここでは「</>」で表現されているウェブアプリをクリックしてください。

　図2.11の画面が表示されるので、［アプリのニックネーム］欄に入力します。ここでは「social-login-chap2-web」としています。

図2.11　アプリ登録

　さらに、その下にある［このアプリのFirebase Hostingも設定します］にチェックを入れます。Firebase Hostingは先ほど説明したとおり、作成したHTMLファイルを配信するのに利用します。
　ここまでできたら、［アプリを登録］ボタンを押しましょう。次に、図2.12の画面が表示されます。

図2.12　Firebase SDKの追加

アプリの初期化スニペットが表示されますが、サンプルアプリでは、これに相当するスクリプトをコンテンツデリバリーネットワーク（CDN）から取得するので、ここでは何もする必要はありません。［次へ］ボタンを押すと、図2.13の画面が表示されます。

図2.13　Firebase CLIのインストール

この画面では、Firebase CLIのインストール方法が表示されます。この内容については後ほど解説するので、そのまま［次へ］ボタンを押しましょう。

次に、図2.14の画面が表示されます。こちらの手順についても後ほど解説するので、そのまま［コンソールに進む］ボタンを押してください。

図2.14　Firebase Hostingへのデプロイ

図2.15が表示されます。次からはFirebaseコンソールを使って、Firebase AuthによるGoogleログインのために必要な設定を進めます。

図 2.15　プロジェクトトップ

2.2.3　Google ログインの設定

先ほど述べたように、本章のサンプルアプリではGoogleログインを利用するため、その準備としてFirebaseコンソール上でGoogleログインを有効化し、必要な設定を行います。

なお、Googleログインに限らず、Firebase Authを使ってソーシャルログインを実装する場合は同様の準備を事前に行う必要があります。図2.15の画面中央にある［Authentication］をクリックしてください。

図2.16に示す初期画面が表示されます。［始める］ボタンをクリックしてください。

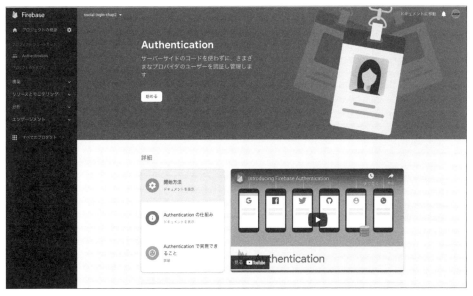

図 2.16　Authentication 初期画面

　図2.17に示すように、中央部にFirebase Authが対応するログイン一覧が表示されるので、
［Google］をクリックしてください。

図2.17　ログインプロバイダの選択

　次は、図2.18の画面が表示されます。［有効にする］のスイッチをオンにしたうえで、［プロ
ジェクトのサポートメール］欄にFirebaseコンソールにログイン中のGoogleアカウントのメー
ルアドレスを入力して、［保存］ボタンを押しましょう。

図2.18　Google有効

なお、サポートメールとして設定できるのは左ペインの［プロジェクトの設定］の［設定］（歯車）ボタンから［ユーザーと権限］タブを開いたときに表示されるメンバーのメールアドレスのみなので、変更したい場合はメンバーを追加してください。

> **note**
>
> サポートメールの利用用途について公式ドキュメントを確認したところ「Google で認証を行う際にユーザーに表示されるメールアドレスです。」と記載されていましたが、このあと作成するサンプルアプリのログイン画面には表示されませんでした。

図2.19に示すように［Google］のステータスが「有効」になっていれば、Firebase コンソールでの作業は完了です。

図2.19　有効プロバイダ一覧

2.3　デプロイの準備

Firebase CLIをインストールし、Firebase Hostingにデプロイするための環境を整えます。

2.3.1　Node.js のインストール

HTMLファイルをFirebase Hostingにデプロイする際に利用するFirebase CLIはNode.js上で動作します。Node.jsとは、JavaScriptをサーバーや手元のWindows PC ／ Mac上で動作させるための実行環境です。Node.jsをインストールするため、以下のURLからNode.jsのサイトにアクセスしてください。

- https://nodejs.org/ja/

ページを開くと［推奨版］と［最新版］という2つのボタンが表示されます。今回は［推奨版］をクリックし、インストーラーをダウンロードします。ダウンロードが完了したらインストー

ラーをクリックして、インストーラーの指示に従ってインストールしてください。

　Node.jsのインストールが完了すると、パッケージ管理システムである**npm**も同時にインストールされます。npmは「Node.jsのパッケージのインストール／アンインストール」「利用中のパッケージの確認」「パッケージのアップデート」といったパッケージの管理に利用します。

　それではさっそく、npmを使ってFirebase CLIをインストールしましょう。なお、第4章以降でも、npmを使って必要なパッケージをインストールします。

 note

第7章でバックエンド動作をさせるためにもNode.jsが必要になります。

2.3.2　Firebase CLI のインストール

　Firebase CLIはコマンドラインでFirebaseを管理するためのツールです。本書では、Firebaseプロジェクトの初期化と、HTMLファイルのFirebase Hostingへのデプロイに使います。

　それでは、Firebase CLIを手元のWindows PCやMacにインストールしていきましょう。以降はコマンドを入力しながらの作業となるため、Macの場合はターミナル、Windows PCの場合はPowerShell上で作業してください。

note

以降、「ターミナル」と「PowerShell」をあえて分ける必要がない場合「ターミナル」という表記で統一します。Windows PCをお使いの方は「PowerShell」と読み替えてください。

　まずはインストールです。ターミナルで以下のコマンドを打ってください。

```
$ npm install -g firebase-tools
```

　上記のnpmコマンドについて簡単に説明します。最初の引数、installは新規のパッケージのインストールを意味します。次の-gはグローバルインストールを意味し、グローバルな領域にパッケージをインストールします。これによって、Firebase CLIのコマンドをどのディレクトリでも呼び出せるようになります。

　-gがない場合をローカルインストールと呼び、コマンドを打ったディレクトリの配下にnode_modulesディレクトリが作成され、さらにその配下にパッケージのファイルが配置されます。最後の引数firebase-toolsは、Firebase CLIのパッケージ名です。

　上記のコマンドが終了したら、インストールができたことを確認するために、ターミナルで以下のコマンドを実行してください。

```
$ firebase --version
```

バージョンが表示されればインストールは成功しています。

> **note**

PowerShellで「このシステムではスクリプトの実行が無効になっています」といった内容のエラーが出た場合は、スクリプトの実行ポリシーの変更が必要です。PowerShellのアイコンを右クリックして、管理者権限で実行したうえで以下のコマンドを入力してください。

```
> Set-ExecutionPolicy -ExecutionPolicy RemoteSigned
```

このあと「実行ポリシーを変更しますか？」と聞かれるので「Y」と答えてください。これで、Firebase CLIのコマンドが実行可能になります。

2.3.3　プロジェクトの初期化

次に、作業用のディレクトリを作成しましょう。以降の章も含め、本書で作るサンプルアプリを入れるディレクトリとしてsocial-loginディレクトリを作成し、その下にchap2ディレクトリを作成します（図2.20）。

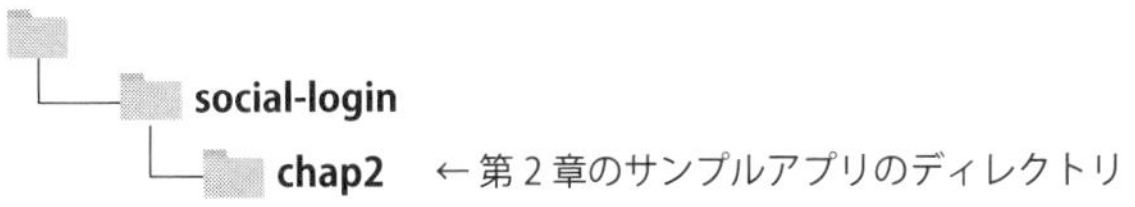

social-login
chap2　←第2章のサンプルアプリのディレクトリ

図2.20　ディレクトリ構成

ターミナルを立ち上げて、以下のコマンドを実行します。

```
$ mkdir social-login

$ cd social-login

$ mkdir chap2

$ cd chap2
```

以降は、このchap2ディレクトリで作業を進めます。

まずはFirebaseにログインします。以下のコマンドを入力してください。

```
$ firebase login
```

ターミナルに以下の文章が表示されます。これはFirebase CLIの利用内容やエラー情報を
Googleに送ることについての確認です。どちらでもかまいませんが、ここではNoを示す「n」
を入力します。

```
i  Firebase optionally collects CLI and Emulator Suite usage and error reporting
information to help improve our products. Data is collected in accordance with Google's
privacy policy (https://policies.google.com/privacy) and is not used to identify you.

? Allow Firebase to collect CLI and Emulator Suite usage and error reporting
information? (Y/n)
```

次にブラウザが立ち上がり、Googleアカウントのログイン画面が表示されます。先ほどプロ
ジェクトを作成したアカウントでログインしてください。

ログインすると図2.21に示す画面が出るので、［許可］ボタンを押しましょう。

図2.22のような「Firebase CLI Login Successful」の表示が出たらターミナルに戻ってくだ
さい。

ターミナル上で以下が表示されていればログインに成功しています。

```
✔  Success! Logged in as authyasan@example.com
```

続いて、プロジェクトの初期化を行うため以下のコマンドを入力してください。

```
$ firebase init
```

図2.21　CLIの許可画面

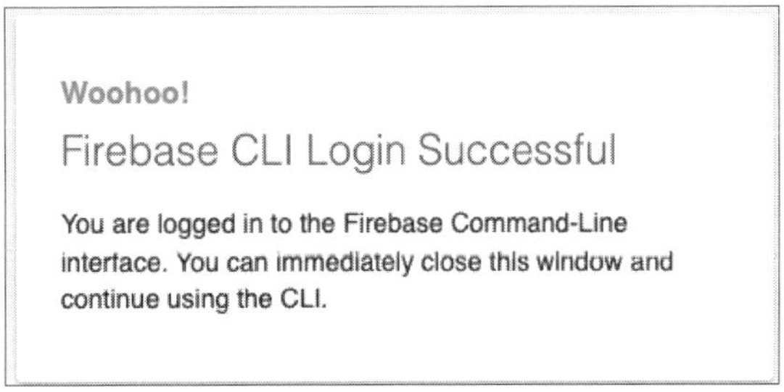

Woohoo!

Firebase CLI Login Successful

You are logged in to the Firebase Command-Line interface. You can immediately close this window and continue using the CLI.

図2.22　CLIログイン成功

　ターミナル上に下記の内容が表示されるのでこのプロジェクトに必要なFirebase CLIの機能を選択しましょう。矢印ボタンで「Hosting: Configure files for Firebase Hosting and (optionally) set up GitHub Action deploys」まで「>」を移動させ、スペースキーを押して選択し、さらにリターンキーを押して確定します。

```
######## #### ######## ######## ########    ###    ######  ########
##        ## ##      ## ##       ##        ## ## ##    ## ##        ##
######    ## ######## ######   ######## ######### ######  ######
##        ## ##     ## ##       ##       ## ## ##    ##    ## ##
##      #### ##      ## ######## ######## ##     ##  ######  ########

You're about to initialize a Firebase project in this directory:

  /Users/authyasan/social-login/chap2

? Which Firebase features do you want to set up for this directory? Press Space to
select features,
then Enter to confirm your choices. (Press <space> to select, <a> to toggle all,
<i> to invert selec
```

39

```
tion, and <enter> to proceed)
 ◯ Firestore: Configure security rules and indexes files for Firestore
 ◯ Functions: Configure a Cloud Functions directory and its files
>◉ Hosting: Configure files for Firebase Hosting and (optionally) set up GitHub Action deploys
 ◯ Hosting: Set up GitHub Action deploys
 ◯ Storage: Configure a security rules file for Cloud Storage
 ◯ Emulators: Set up local emulators for Firebase products
(Move up and down to reveal more choices)
```

続いてプロジェクトの選択です。以下のような内容が表示されるので、「Use an existing project」に「>」を合わせてリターンキーを押してください。

```
? Please select an option: (Use arrow keys)
> Use an existing project
  Create a new project
  Add Firebase to an existing Google Cloud Platform project
  Don't set up a default project
```

次に以下の内容が表示されるので、先ほど作成した「social-login-chap2」を選択してリターンキーを押してください。なお、以下で「social-login-chap2-ceae1」はプロジェクト識別子、「(social-login-chap2)」はプロジェクト名を表しています。

```
? Please select an option: Use an existing project
? Select a default Firebase project for this directory:
> social-login-chap2-ceae1 (social-login-chap2)
```

続いて、Firebase Hostingの設定を行います。ここでは公開ディレクトリ名はデフォルトのpublicのままでよいので、リターンキーを押してください。なお、公開ディレクトリとはFirebase Hostingへのデプロイの対象となるディレクトリのことであり、この場合、publicディレクトリの配下にあるすべてのファイルがFirebase Hostingにデプロイされます。

```
=== Hosting Setup

Your public directory is the folder (relative to your project directory) that
will contain Hosting assets to be uploaded with firebase deploy. If you
have a build process for your assets, use your build's output directory.

? What do you want to use as your public directory? (public)
```

次に「シングルページアプリケーション（SPA）用にすべてのURLをindex.htmlに書き換えますか？」と質問されます。ここで作成するアプリはSPAではないので「No」を意味する「N」を入力し、リターンキーを押してください。

```
? Configure as a single-page app (rewrite all urls to /index.html)? (y/N)
```

次はGitHubとの連携です。使わないので「N」を入力してリターンキーを押しましょう。

```
? Set up automatic builds and deploys with GitHub? (y/N)
```

ここまでで入力は完了です。以下が表示されれば初期化は成功しています。

```
✔  Wrote public/404.html
✔  Wrote public/index.html

i  Writing configuration info to firebase.json...
i  Writing project information to .firebaserc...
i  Writing gitignore file to .gitignore...

✔  Firebase initialization complete!
```

それでは、作成されたファイルを確認してみましょう。
Macの場合は以下のようになります。

```
$ ls -a
.            ..            .firebaserc    .gitignore    firebase.json public
```

Windows PCの場合は以下のようになります。

```
> ls


    ディレクトリ: C:\users\authyasan\Documents\social-login\chap2


Mode                 LastWriteTime         Length Name
----                 -------------         ------ ----
d-----        2022/08/27     14:11                public
-a----        2022/08/27     14:11             66 .firebaserc
-a----        2022/08/27     14:11           1166 .gitignore
-a----        2022/08/27     14:11            236 firebase.json
```

いずれも、firebase.jsonと.gitignoreという2つのファイルと、publicと.firebasercという2つのディレクトリができています。

41

📝 **note**

.gitignoreはGitを利用する際にリポジトリに登録しないファイル群を指定するためのものであ
り、.firebasercは1つのディレクトリで複数のプロジェクトを管理する場合に使われるものです。
いずれも、ここでは使いません。

---

firebase.jsonは、Firebase CLIを使ってデプロイするファイルを管理するためのファイルで
す。さっそく中身を見てみましょう（リスト2.1）。

リスト2.1　firebase.json

```json
{
  "hosting": {
    "public": "public",
    "ignore": [
      "firebase.json",
      "**/.*",
      "**/node_modules/**"
    ]
  }
}
```

初期化するときにFirebase Hostingだけを指定したため、hostingという項目だけがありま
す。その中では、publicディレクトリが公開されるディレクトリとして指定されており、ignore
としてデプロイ時に無視するファイルが記載されています。

次に、lsコマンドを使ってpublicディレクトリの中を見てみましょう。Macでは以下のよう
に404.htmlとindex.htmlという2つのファイルが生成されています。

```
$ ls public/
404.html    index.html
```

しかし、Windows PCでは以下のようにindex.htmlだけしか作成されないため、本書のサン
プルコード（付属ファイル）のchap2/404.htmlをpublicディレクトリの下にコピーしてください。

```
> ls public

    ディレクトリ : C:\users\authyasan\Documents\social-login\chap2\public

Mode                 LastWriteTime         Length Name
----                 -------------         ------ ----
-a----        2022/08/27     14:11           4596 index.html
```

　それでは、試しにこのままでデプロイしてみましょう。ターミナルに以下のコマンドを入力
してください。

```
$ firebase deploy
```

成功すれば以下がターミナルに表示されます。

```
✔  Deploy complete!

Project Console: https://console.firebase.google.com/project/social-login-chap2-ceae1/overview
Hosting URL: https://social-login-chap2-ceae1.web.app
```

　「Hosting URL: 」に続く「https://」から始まるURLをコピーして、ブラウザのアドレスバー
にペーストしてみましょう。図2.23に示される画面がブラウザで表示されれば成功です。

図2.23　サンプル画面

　次に、「https://social-login-chap2-ceae1.web.app/1234」など、ファイルが存在しない適
当なパスをアドレスバーに入力してみると、404ページが表示されます。このように、存在し
ないパスを指定すると404.htmlを自動的に表示してくれます。
　ここからは、index.htmlをサンプルアプリのものに書き換えます。なお、404.htmlはそのま
ま利用します。

SPAの対応

ターミナルでFirebaseの初期化をしていた際に、以下の質問がありました。

```
? Configure as a single-page app (rewrite all urls to /index.html)? (y/N)
```

ここで、「y」を選択すると、Firebase HostingがURLのすべてのパスをindex.htmlへのアクセスに書き換えてくれます。

マルチページアプリケーションの場合はパスに対応して複数のファイルが存在し、「パスの変更に伴う表示の変更」を「異なるHTMLファイルの読み込み」で実現しています。

対して、シングルページアプリケーション（SPA）の場合はDOMを書き換えることで表示の変更を実現しています。したがって、SPAの場合はいかなるパスへのアクセスも、index.htmlに書き変える必要があるので、それを行うかどうかを確認しています。

2.4 ログインの実装

準備が整ったので、Firebase UIを使ったログイン画面を実装していきます。

publicディレクトリの下にあるindex.htmlをエディターで開き、リスト2.2の内容に書き換えていきましょう。

note

リスト中の「◢」は、次の行に続くことを表しています。

リスト2.2　index.html

```
<html>

<head>
  <script src="https://www.gstatic.com/firebasejs/9.9.2/firebase-app-compat.js">
</script>
  <script src="https://www.gstatic.com/firebasejs/9.9.2/firebase-auth-compat.js">
</script>
  <script src="https://www.gstatic.com/firebasejs/ui/6.0.1/firebase-ui-auth__ja.js">
</script>
  <link type="text/css" rel="stylesheet" href="https://www.gstatic.com/firebasejs/◢
ui/6.0.1/firebase-ui-auth.css" />
  <script src="/__/firebase/init.js"></script>
</head>

<body>
```

```
    <h1 style="text-align: center">2 章サンプルアプリ </h1>
    <div id="firebaseui-auth-container"></div>
    <div id="loader">Loading...</div>
    <script>
      const ui = new firebaseui.auth.AuthUI(firebase.auth());

      // UI の設定
      const uiConfig = {
        callbacks: {
          signInSuccessWithAuthResult: function (authResult, redirectUrl) {
            return true;
          },
          uiShown: function () {
            document.getElementById('loader').style.display = 'none';
          }
        },
        signInFlow: 'popup',
        signInSuccessUrl: 'success.html',
        signInOptions: [
          firebase.auth.GoogleAuthProvider.PROVIDER_ID,
        ],
        tosUrl: '404.html',
        privacyPolicyUrl: '404.html'
      };

      ui.start('#firebaseui-auth-container', uiConfig);
    </script>
  </body>

</html>
```

ここからは、このコードについて、詳細に見ていきましょう。

2.4.1　ヘッダー

まずは、ヘッダーです。ここでは、関連するパッケージを読み込みます。

```
<head>
  <script src="https://www.gstatic.com/firebasejs/9.9.2/firebase-app-compat.js">
</script>
  <script src="https://www.gstatic.com/firebasejs/9.9.2/firebase-auth-compat.js">
</script>
  <script src="https://www.gstatic.com/firebasejs/ui/6.0.1/firebase-ui-auth__ja.js">
</script>
  <link type="text/css" rel="stylesheet" href="https://www.gstatic.com/firebasejs/↵
ui/6.0.1/firebase-ui-auth.css" />
  <script src="/__/firebase/init.js"></script>
```

縦書き右マージン:

2

Firebase UI を用いたログイン画面の実装

```
</head>
```

以下の5つをCDNから読み込んでいます。

- Firebase JavaScript SDK のコアとなる Firebase App
- Firebase Auth
- Firebase UI
- Firebase UI の CSS
- 初期化スクリプト

　Firebase App（firebase-app-compat.js）と Firebase Auth（firebase-auth-compat.js）の
パッケージ名には「-compat」の文字列が入っています。これはFirebase SDKバージョン9の
Compat版であることを示しています。前に述べたように、バージョン9にはモジュラー版と、
Compat版がありますが、Firebase UIはFirebase SDK バージョン9についてはCompat版に
しか対応していません。

　Firebase UIのパッケージ名（firebase-ui-auth__ja.js）には、日本語版を示す「__ja」の
文字列が入っています。このようにパッケージ名に「__{LANGUAGE_CODE}」を付けると対応する
言語のものが読み込まれます。LANGUAGE_CODEの一覧は、以下に示すFirebase UIのGitHubの
リポジトリ上で公開されています。

- https://github.com/firebase/firebaseui-web/blob/master/LANGUAGES.md

　なお、言語を指定せずにfirebase-ui-auth.jsを読み込んだ場合は英語版になります。

　最後に読み込んでいる初期化スクリプトinit.jsは、アプリ作成時にFirebaseコンソールの
画面で表示された初期化スニペットに相当するスクリプトです。したがって、自分のコードで
明示的に初期化スニペットを記載する必要はありません。

2.4.2　ボディ

次に、ボディ部分の記載を見ていきましょう。
まずは、最下部、以下の箇所から説明します。

```
ui.start('#firebaseui-auth-container', uiConfig);
```

ここでウィジェットの描画を開始しています。第1引数にはウィジェットを描画する位置の

HTML要素のCSSセレクタを指定するので、描画位置のdiv要素のid属性である#firebaseui-auth-containerを指定します。また、第2引数にはウィジェットの設定オブジェクトであるuiConfigを指定します。

それではこの2つの引数を念頭に置きつつ、ボディ要素を上から詳細に見ていきましょう。

```
<h1 style="text-align: center">2章サンプルアプリ </h1>
<div id="firebaseui-auth-container"></div>
<div id="loader">Loading...</div>
```

ここではタイトルと2つのdiv要素が記載されています。1つ目のdiv要素のid属性はfirebaseui-auth-containerです。これはウィジェット描画のCSSセレクタとして指定した値なので、ここにウィジェットが描画されます。

2つ目のdiv要素は、ウィジェットが描画されるまでの間に表示される内容です。ここでは「Loading...」という文字列が表示されます。

この詳細は後述する設定オブジェクトのuiShownの項目で説明します。

その後、以下の箇所でFirebase UIを初期化しています。

```
const ui = new firebaseui.auth.AuthUI(firebase.auth());
```

これに続く箇所にあるuiConfigが、ウィジェットの設定オブジェクトです。この各設定値でウィジェットのUIやフローが規定されます。

```
const uiConfig = {
  callbacks: {
    signInSuccessWithAuthResult: function (authResult, redirectUrl) {
      return true;
    },
    uiShown: function () {
      document.getElementById('loader').style.display = 'none';
    }
  },
```

ここではまず、callbacksとしてsignInSuccessWithAuthResultとuiShownの2つの項目に関数が規定されています。これらの関数はあるイベントが発生した際に呼び出される関数です。このようにあとで呼び出される挙動をする関数のことを**コールバック関数**と呼びます。

1つ目のsignInSuccessWithAuthResultは、ログイン後に起動されるコールバック関数です。このコールバック関数はbooleanを返す関数でなければなりません。trueの場合は、ログイン成功後に、後述するsignInSuccessUrlで指定したURLにリダイレクトし、falseの場合はログ

インのページから遷移しません。

　またこのコールバック関数は、引数としてauthResultとredirectUrlを受け取ります。1つ目のauthResultにはユーザー識別子、メールアドレス、ディスプレイネームなどログインしたユーザーの属性情報が入っています。

　第2引数であるredirectUrlには通常undefinedが入ります。ログイン後のリダイレクトURLを上書きした場合のみ、上書き後のURLの値が入ります。

　ここで「ログイン後のリダイレクトURLの上書き」の仕組みについて説明します。前提として、ログインに成功すると設定オブジェクトの設定値の1つであるsignInSuccessUrlの項目で設定したURLにリダイレクトされます。コードでは以下のように設定しているため、success.htmlにリダイレクトされます。

```
signInSuccessUrl: 'success.html'
```

　しかし、ログイン画面URLに「?mode=select&signInSuccessUrl=other.html」というようなクエリパラメーターを付けることでリダイレクト先の設定を上書きできます（この例では、success.htmlをother.htmlに上書きしています）。このときには先ほどの引数redirectUrlに上書きするURLの値（今回の例ではother.html）が入ります。また上書きしない場合、redirectUrlはundefinedになります。

📄 **note**

上書きする場合でも、設定オブジェクトにsignInSuccessUrlの設定値は必要です。

---

　callbacksの説明に戻ります。uiShownに設定されるコールバック関数は、ウィジェットが表示されたタイミングで呼び出されます。今回のプログラムでは、id属性の値がloaderの表示、すなわち「Loading...」という文字列の表示を消しています。したがって、挙動としては、ウィジェットが表示されるまで「Loading...」の文字列が表示されることになります。

　続いて、以下の項目が設定されています。

```
    signInFlow: 'popup',
```

　signInFlowに'popup'が指定されています。これにより、ソーシャルログインする場合のログインフローがポップアップで表示されます。'popup'の代わりに'redirect'を指定すると、ログイン画面にリダイレクトします。

　次に、以下の箇所で、ログイン後のリダイレクト先のURLを指定しています。なお、success.html自体は後ほど作成します。

```
      signInSuccessUrl: 'success.html',
```

　以下の箇所では、ログインに利用する IdP を指定しています。具体的には signInOptions の配列に利用したい IdP の識別子を記載します。今回は Google ログインだけなので、firebase.auth.GoogleAuthProvider.PROVIDER_ID だけを記載しています。

```
      signInOptions: [
        firebase.auth.GoogleAuthProvider.PROVIDER_ID,
      ],
```

　Firebase Auth がサポートする IdP の識別子の一覧は以下の URL に記載されています。

- https://github.com/firebase/firebaseui-web#available-providers-1

　さらに、以下の箇所で利用規約（tosUrl）、プライバシーポリシー（privacyPolicyUrl）の URL を指定します。ここでは両者を 404.html としています。以上で、設定オブジェクトの値がすべて規定できました。

```
      tosUrl: '404.html',
      privacyPolicyUrl: '404.html'
```

　最後に、先に記載した以下の箇所で、ウィジェットを描画する CSS セレクタと、設定オブジェクトを指定して、ウィジェットの描画を開始します。

```
ui.start('#firebaseui-auth-container', uiConfig);
```

2.4.3　ログイン成功後のページ

　続いて、ログイン成功後のページを作成しましょう。public ディレクトリ内に success.html という名前のファイルを作成して、以下のコードを書いてください。

```
<!DOCTYPE html>
<html>

<body>
    <p>Login succeed</p>
    <a href="index.html"> ログイン画面に戻る </a>
</body>

</html>
```

2.4.4　動作確認

　それでは、Firebase Hostingにデプロイしてみましょう。ターミナルから以下のコマンドでデプロイしてください。

```
$ firebase deploy
```

　デプロイコマンドに成功すると「Hosting URL: 」に続いてデプロイ先のURLが「https://〈プロジェクト識別子〉.web.app」という形式で表示されます。

　ブラウザでhttps://〈プロジェクト識別子〉.web.app/index.htmlにアクセスして、図2.24の画面が表示されれば成功です。

図2.24　ログイン画面

　表示されたら、[Googleでログイン] ボタンを押して、Googleアカウントでログインしてください。

　ログインに成功すると図2.25が表示されます。

図2.25　ログイン後の画面

　続いて、「https://<プロジェクト識別子>.web.app/hoge.html」などの存在しないURLを指定してみましょう。存在しないURLが指定された場合は、Firebase Hostingが404.htmlを返し、図2.26に示す404の画面が表示されます。

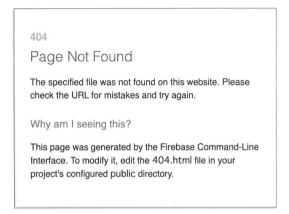

図2.26　404画面

　さらにFirebaseコンソールにアクセスして、[Authentication]から[users]タブを確認してみましょう。図2.27に示すように、先ほどの登録したユーザーが一覧に現れます。

図2.27　ユーザー一覧確認

Chapter

3

ソーシャルログインを
実現するには

　本章ではソーシャルログインの仕組み、Firebase Authの役割、アイデンティティ管理機能（ID管理機能）について解説します。ID管理機能については「ID管理のライフサイクル」という概念をベースに必要な機能を洗い出します。最後に、第4章以降で作成するサンプルアプリについての概要を説明します。

3.1 ソーシャルログインの仕組み

　ここではソーシャルログインの仕組みについて解説します。特に第4章以降を理解するために必要な概念であるIdP、リライングパーティという役割と用語について重点的に解説します。

3.1.1 ソーシャルログインの登場人物

　まず、ソーシャルログインの登場人物について見ていきましょう。

　本題に入る前に、ソーシャルログインの説明に利用する用語について説明します。
　「ソーシャルログイン」とひとまとめに呼びますが、実現するための仕組みはIdPによってさまざまです。例えば標準化された仕様である**OpenID Connect**や、認可フレームワークでユーザー属性情報をやり取りするもの、独自仕様のものなどがあります。
　ただ、それらを厳密に区別して理解するのは本書の趣旨ではないので、ソーシャルログインの説明をする際はOpenID Connectの用語を借りて説明します。

　それでは、本題に入ります。図3.1にソーシャルログインの登場人物を示します。IdP、リライングパーティ、ユーザー、この3者が登場人物です。

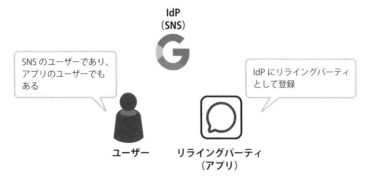

図3.1　ソーシャルログインの登場人物

　まず、ソーシャルログインを提供する主体を**IdP**と呼びます。例えば「Googleでログイン」の機能を提供するのがGoogleのIdPであり、「GitHubでログイン」を提供するのがGitHubのIdPです。IdPには母体となるSNSがあり、それらのユーザーで認証した結果をアプリに通知します。また、SNSユーザーの属性情報をアプリに提供する機能も有します。

> 📋 **note**
>
> 「IdPには母体となるSNSがある」と記載しましたが、GoogleやAppleなどはSNSとはいえません。ただし、そこを厳密に「SNSおよびウェブサービス」などと記載するのは冗長なので、本書ではGoogleやAppleも含めてIdPの母体となるサービスを「SNS」と表現します。また、そのユーザーについても「SNSのユーザー」と表現します。

　次の登場人物は**リライングパーティ**です。IdPと連携しソーシャルログインを備えているアプリのことを**リライングパーティ**と呼びます。リライングパーティは必ずIdPに事前に登録する必要があります。

　最後の登場人物が**ユーザー**です。ユーザーはIdPの母体であるSNSのユーザーでもあり、かつ、リライングパーティのユーザーでもあります。

3.1.2　ソーシャルログインの流れ

　次に、これらの登場人物がソーシャルログインを行う際のやり取りを図3.2に示します。先ほど述べたように、この仕組みはさまざまですが、ここではOpenID Connectをベースに説明します。

　図3.2の例ではIdPとしてGoogle、リライングパーティのアプリ、アプリとGoogleの両方のユーザーであるAさんが登場しています。

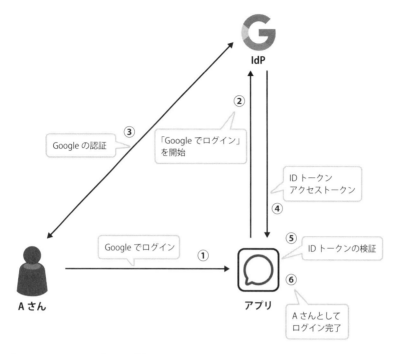

図3.2　ソーシャルログインの仕組み

　それでは、図の番号に沿ってソーシャルログインの流れを見ていきましょう。

① ユーザー A さんがアプリ上で「Google でログイン」を選択する
② アプリは Google IdP に対して「Google でログイン」の処理を開始するようにリクエストする
③ Google IdP と A さんの間で Google ユーザーとしての認証が行われる
④ 認証に成功すると Google IdP から「A さんとして認証した結果」を示す ID トークンがアプリに対して発行される。それと同時に、A さんの属性情報にアクセスするためのアクセストークンも発行される（ID トークン、アクセストークンについては後述）
⑤ アプリは ID トークンを検証し、A さんが IdP によって認証されたことを確認する
⑥ アプリは、セッションを発行し、A さんをログイン状態にする

　ここで、IdP とリライングパーティの役割を明確にするために「ユーザー認証」と「ログイン」の違いについておさらいしておきましょう。上記の例でいうと、ユーザー認証は「A さんであることを確認すること」であり、③で IdP がユーザー認証を行っています。「ログイン」はユーザー認証したあと、セッションを発行することであり、⑤でアプリが認証結果を検証したあと、⑥

でセッションを発行することでAさんがアプリへのログイン状態になります。

　以上をふまえて、ソーシャルログインを端的にいうと、「リライングパーティはユーザー認証をIdPに肩代わりしてもらい、認証結果として受け取ったIDトークンを検証することで自らのアプリへログインさせる仕組み」といえます。④で出てくるIDトークンはソーシャルログインのキモです。

📋 **note**

IDトークンやその検証については次の項で説明します。

　また、図3.3に示すように、Aさんがログインしたあと、アプリは任意のタイミングでGoogle IdPからAさんの属性情報を取得することが可能です。このとき、アプリのリクエストにはアクセストークンを含めなければなりません。

　IdPはアクセストークンを検証して、Aさんの属性情報へアクセスする権利があることを確認します。

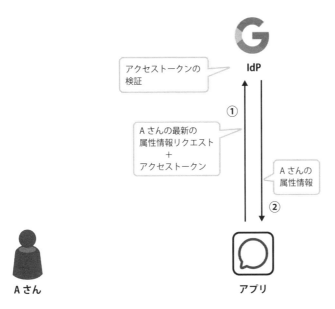

図3.3　属性情報の取得

3.1.3 IDトークン

　ここからはIDトークンについて説明します。**IDトークン**とは、図3.2の④でIdPからアプリに対して発行されるトークンであり、「IdPがユーザー認証に成功した証」といえます。

　IDトークンの形式は署名付きの**JSON Web Token**（以下、**JWT**）です。イメージしやすいようにサンプルを1つ見てみましょう。これは、OpenID Connect Core 1.0（https://openid.net/specs/openid-connect-core-1_0.html）のドキュメントに例として記載されているものです。

eyJhbGciOiJSUzI1NiIsImtpZCI6IjFlOWdkazcifQ.ewogImlzcyI6ICJodHRwOi8vc2VydmVyLmV4YW1wbGUuY29tIiwKICJzdWIiOiAiMjQ4Mjg5NzYxMDAxIiwKICJhdWQiOiAiczZCaGRSa3F0MyIsCiAibm9uY2UiOiAibi0wUzZfV3pBMk1qIiwKICJleHAiOiAxMzExMjgxOTcwLAogImlhdCI6IDEzMTEyODA5NzAsCiAiY19oYXNoIiA6ICJ...ID EzMTEyODA5NzAKfQ.ggW8hZ1EuVLuxNuuIJKX_V8a_OMXzR0EHR9R6jgdqrOOF4daGU96Sr_P6qJp6IcmD3HP99Obi1PRs-cwh3LO-p146waJ8IhehcwL7F09JdijmBqkvPeB2T9CJNqeGpe-gccMg4vfKjkM8FcGvnzZUN4_KSP0aAp1tOJ1zZwgjxqGByKHiOtX7TpdQyHE5lcMiKPXfEIQILVq0pc_E2DzL7emopWoaoZTF_m0_N0YzFC6g6EJbOEoRoSK5hoDalrcvRYLSrQAZZKflyuVCyixEoV9GfNQC3_osjzw2PAithfubEEBLuVVk4XUVrWOLrLl0nx7RkKU8NXNHq-rvKMzqg

　JWTはドット「.」で区切られた3つのパートからなり、ヘッダー、ペイロード、署名の順に並んでいます。

　1つ目の**ヘッダー**は「JWTのフォーマットに関する情報」をBase64でエンコードしたものです。ヘッダーの情報はJSONで記載されています。上記のサンプルのヘッダー部をデコードしたものを以下に示します。algは署名アルゴリズム、kidは署名の検証に必要な公開鍵の識別子です。公開鍵が複数公開されている場合に、自分の署名検証に必要な鍵を特定するのにkidが用いられます。

```
{
  "alg": "RS256",
  "kid ": "1e9gdk7"
}
```

　次のパートが**ペイロード**です。ペイロードも同じくJSONをBase64でエンコードしたものになります。サンプルのIDトークンのペイロードをデコードしたものが以下になります。

```
{
  "iss": "http://server.example.com",
  "sub": "248289761001",
  "aud": "s6BhdRkqt3",
  "nonce": "n-0S6_WzA2Mj",
  "exp": 1311281970,
  "iat": 1311280970
}
```

各項目は以下のような内容を表します。

- iss：IDトークンの発行元の識別子。IdP の URL が使われることが多い
- sub：認証したユーザーの識別子
- aud：IDトークンの発行先の識別子。クライアント識別子が使われることが多い
- nonce：リプレイ攻撃を防ぐためのパラメーター
- exp：IDトークンの有効期限の UNIX タイム
- iat：IDトークンの発行日の UNIX タイム

これ以外にもユーザーの名前やメールアドレスなど、属性情報が含まれることもあります。

IDトークンを受け取ったアプリはiss（IDトークン発行元）、aud（IDトークン発行先）、nonce、exp（有効期限）、iat（IDトークン発行日時）を検証し、IDトークンの正当性、および有効性を検証します。

最後のパートは**署名**です。正しくは、「ヘッダー＋"."＋ペイロード」に対してBase64 URLエンコードをしたものに署名した結果をBase64 URLエンコードした文字列です。

ペイロードには、エンドユーザー識別子（sub）、IDトークン発行元（iss）、IDトークンの発行先（aud）などのエンドユーザーを識別したり、IDトークンの正当性を確認したりするための重要な情報が記載されています。受け取ったIDトークンに含まれるこれらの情報が改ざんされていないことを保証する必要があるため、受け取ったアプリはIdPの公開鍵を使って、この署名を検証し、改ざんが行われていないことを確認します。

なお、IDトークンは認証が行われたことの証であり、リライングパーティがその直後に検証することを想定しているため、有効期限は短めに設定されます。上記のサンプルでは発行から1000秒後に有効期限が設定されています。

3.1.4　リライングパーティとしての登録

ソーシャルログインをアプリに組み込むためには、事前にIdPにリライングパーティとして**登録**する必要があります。登録は多くの場合、IdPの開発者向けサイトで行います。登録が完了すると、リライングパーティとしての識別子であるクライアント識別子とクライアントシークレットが発行されます。これらの値はアプリとIdP間のソーシャルログイン時のリクエストに利用されます。

リライングパーティとしての登録内容はIdPごとにさまざまですが、「リダイレクトURI」は例外なく登録が必要です。なお、本書では**リダイレクトURI**と表記しますが、この呼び名はIdPによってさまざまなのでご注意ください。実際、本書のサンプルアプリ作成時に参照した各IdPのドキュメントでは「認証コールバックURL」「Autorization callback URL」「コールバッ

クURL」などと記載されています。

　リダイレクトURIについて解説するため、図3.4にOpenID Connectの代表的なフローである認可コードフローを示します[1]。

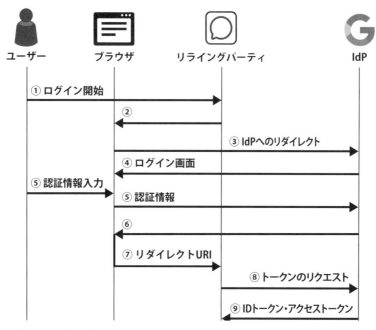

図3.4　認可コードフロー

　ここでのやり取りの概略を以下に示します。

- ①：ユーザーがログインボタンを押す
- ②③：リライングパーティはリダイレクトでブラウザをIdPに遷移させる
- ④⑤:ユーザーとIdP間で認証を行う。すでにログイン済みの場合はログイン画面は表示されず、認証はスキップされる
- ⑥⑦：認証に成功すると、リダイレクトによりブラウザをリライングパーティの画面に遷移させる
- ⑧⑨：リライングパーティはIdPにトークンを要求し、IDトークンとアクセストークンを取得する

　上記のような流れで処理が進みますが、この流れを実現するためには、⑥⑦にあるリダイレクト先のURIをIdPが知っている必要があります。したがって、先ほど述べたように、リライングパーティの登録時にこのリダイレクトURIを登録しておく必要があります。なお、ここで

※1　図3.2に記載したものと実質的に同じものを表現しています。

リライングパーティがモバイルアプリである場合は、アプリを呼び出せるようにユニバーサルリンクやカスタムスキーマのURIを指定します。

　⑧⑨に示すリクエストにはクライアント識別子、クライアントシークレットが含まれています。これらを含むことで、事前登録されたアプリからのアクセスであることを担保します。

3.2 Firebase Authを使ったソーシャルログインの仕組み

　ここからは、Firebase Authを使った場合のソーシャルログインの仕組みを解説します。

3.2.1 登場人物

　図3.5にFirebase Authを使う場合の登場人物を示します。

図3.5　Firebase Authを使った場合の登場人物

　新たな登場人物としてFirebase Authが加わりました。そして、IdPから見たリライングパーティはアプリではなく、Firebase Authになります。

　したがって、IdPにはFirebase AuthのリダイレクトURIを登録し、IdPが発行するクライアント識別子、クライアントシークレットはFirebase Authに設定します（具体的な手順は第4章で解説します）。

　IdPから見たリライングパーティはFirebase Authなので、アプリは直接IdPとやり取りすることはありません。ユーザー認証に関わる情報やユーザーの属性情報はFirebase AuthのAPIを通じて取得します。図3.5ではIdPは1つですが、実際には複数のIdPと連携することが一般的です。そのような場合でも、アプリはFirebase AuthのAPIを通じて情報をやり取りするため各IdPの仕様の違いを意識する必要はありません。

　なお、ユーザーはソーシャルログインする際にFirebase Authを意識することはありません。

3.2.2　ソーシャルログインの流れ

　Firebase Authを使ったソーシャルログインの仕組みを図3.6に示します。

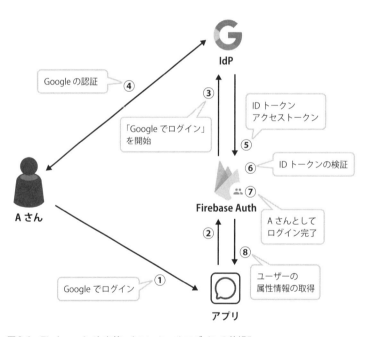

図3.6　Firebase Authを使ったソーシャルログインの仕組み

それでは、流れを見てみましょう。

- ①：ユーザー A さんがアプリ上で「Google でログイン」を選択する
- ②：アプリが「Google でログイン」に関する Firebase Auth の API を呼び出す
- ③：Firebase Auth が Google IdP に対して「Google でログイン」の処理を開始するようにリクエストする
- ④：Google IdP と A さんの間で Google での認証が行われる
- ⑤：認証に成功すると、Google IdP から ID トークンとアクセストークンが Firebase Auth に対して発行される
- ⑥：Firebase Auth が ID トークンを検証し、A さんが IdP によって認証されたことを確認する
- ⑦：Firebase Auth がセッションを発行し、A さんをログイン状態にする
- ⑧：アプリが②のレスポンスとしてログインしたユーザーの属性情報を取得する

> **note**
>
> アクセストークンは図3.3のようにIdPから情報を取得するときに利用されますが、Firebase Auth からIdPに問い合わせるため、アプリにはアクセストークンは渡されません。

　基本的な流れは図3.2に示したものと変わりません。大きな違いはアプリとIdPとの間にFirebase Authが入ったことです。

　もしFirebase Authがないと、図3.2と図3.3に示したように「IDトークンの検証」「IdPからユーザーの属性情報の取得」「セッションの発行」といったさまざまな処理をアプリ側で指示する必要がありますが、Firebase Authがある場合、これらの処理はFirebase Authが行ってくれます。したがって、アプリは②でFirebase AuthのAPIをたたき、⑧でログインが完了した結果として、ユーザーの属性情報を受け取るだけでよいのです。

　ここでIdPを「ユーザー認証を肩代わりして、ユーザーの属性情報を提供してくれるもの」と考えるとアプリから見てFirebase AuthはIdPの役割をしているといえます（図3.7）。逆にFirebase Authから見るとアプリはリライングパーティになります。実際、Firebase Authは自らが署名したIDトークンを発行する機能を持っており、アプリはFirebase Auth APIを介して、Firebase AuthからIDトークンを取得できます（このIDトークンの利用方法については第7章で紹介します）。

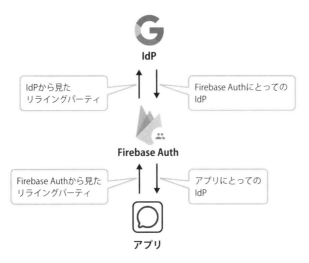

図3.7　IdPとリライングパーティの関係

3.3 ID管理機能

　次に、ログイン機能を備えるアプリに必須の「ID管理」に関する機能について解説します。また、以降の章で作成するサンプルアプリの機能について概要を示します。

3.3.1　ID 管理とは

　ここからは、ログイン機能とは不可分な**ID管理**について解説します。ログイン機能があるということは、その前段にユーザー登録機能があり、その結果、ID管理の機能が必須になります。

　いきなり「ID管理の機能」といってもピンとこない人もいるかもしれないので、以降では全体を見通すために**ID管理のライフサイクル**という概念をベースに必要な機能を検討していきます。ID管理のライフサイクルという概念はデジタル・アイデンティティの国際標準規格 ISO/IEC 24760 A framework for ID entity management に記載されているものです。この ISO/IEC 24760 に記載されているライフサイクルを図3.8に示します。

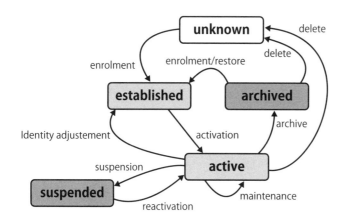

図3.8　ライフサイクル (オリジナル。ISO / IEC 24760)

　図には5つの四角が描かれており、これらはアプリの中でIDが取りうる状態に対応していま
す。これらをまとめると以下のとおりです(詳細は後述)。なお未登録状態と退会状態(物理削除)
は実質同じ状態なので、並べて記載してあります。

- 未登録状態／退会状態 (物理削除)：unknown
- 仮登録状態：established
- 本登録状態：active
- 一時凍結状態：suspended
- 退会状態 (論理削除)：archived

　アプリにおいて、例えば「『未登録状態』から『仮登録状態』を経て『登録状態』に移る」といっ
たようにユーザーの利用状況にともなって、IDの管理状態が変わっていきます。
　図中の状態をつなぐ矢印は状態間の遷移をあらわしており、アプリにおいてはID管理の1つ
の機能に相当します。すなわち、図3.8には、IDの状態およびID管理に関する機能の全体像が
表現されているといえます。
　オリジナルの ID管理のライフサイクルはIDを扱うシステム全般に適用できる概念として表
現されているため、コンシューマー向けアプリには必要ない状態遷移もあります。それらを取
り除いて最適化した図が図3.9です。

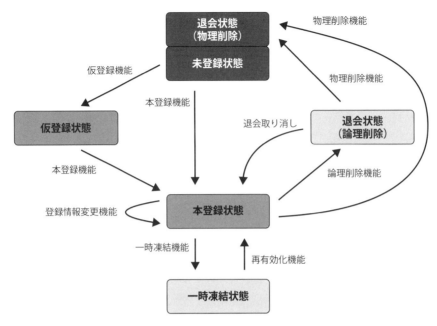

図3.9　アプリに最適化したライフサイクル

　矢印に対応する機能※2は以下になります。

- 仮登録機能
- 本登録機能
- 登録情報変更機能
- 一時凍結機能
- 再有効化機能
- 論理削除機能
- 物理削除機能
- 退会取り消し機能

※2 「本登録」といった言葉を使うと「状態」の話なのか「機能」の話なのか見分けが付きにくいので、本書ではやや冗長ですが「本登録状態」「本登録機能」と書き分けています。

　ここからは、ライフサイクルをいくつかのパートに分けたうえで、機能に注目して解説します。ID管理ライフサイクルはログイン方式に依存しない概念ですが、いくつかの機能はログイン方式によって意味合いが変わってくるので、ここでは、ソーシャルログインを想定して解説を進めます。

　また、リカバリーについても想定しておきます。リカバリーとは、何らかの理由でログインできない状態を正常な状態に戻すプロセスです。詳細は後述しますが、本書ではソーシャルログインのリカバリーとしてメールアドレスの利用を提案します。したがって、ユーザー登録にはメールアドレスが必須である前提で話を進めます。

3.3.2　仮登録機能／本登録機能

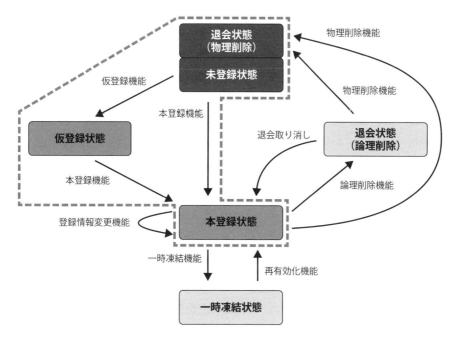

図3.10　登録周りの流れ

　ライフサイクルは**未登録状態**から始まります。これはユーザーが「アプリに登録していない状態」ですが、必ずしも「アプリを利用していない状態」ではないことにご注意ください。未登録でも一部の機能を提供しているアプリは存在します。

　当然ですがこのとき、アプリはIDを保持していません。また、未登録状態は一度、登録したあと退会し、IDを物理的に削除した状態でもあります。

　未登録状態において、ユーザーの属性情報を登録する機能が**仮登録機能**です。

　仮登録状態とは、「アプリでIDを保持しているがユーザーがアプリを利用できない状態（または一部の機能しか利用できない状態）」といえます。企業向けサービスであれば、人事システムと連動して仮登録状態にして、社員自身によるアクティベーション後に初めて**本登録状態**としてすべての機能が利用可能になります。

　同じようにコンシューマーアプリでも、ある条件を満たすまでは本登録状態にしたくない場合に仮登録状態を設けます。

　よくある理由としてはメールの所持確認です。アプリがメールによる通知を送る場合や、リカバリーの手段として使うために、メールの所持確認が完了するまでは仮登録状態として利用を制限することがあります。

3.3.3　登録情報変更機能およびリカバリー機能

　登録情報変更機能とは本登録状態において、登録情報を変更する機能であり、一度登録した住所やメールアドレスを変える、といった機能です。

　登録情報変更機能の中でもパスワードやメールアドレスなど、認証に利用する情報を変更する場合は、変更前に再度認証を求めるなど、セキュリティへの考慮が必要です。

　登録情報変更機能において特に重要なのは**リカバリー機能**です。リカバリーとは「何らかの理由でログインできない状態を正常な状態に戻すプロセス」であり、リカバリーに必要な機能を一般化して書くと「ログインとは別の認証」＋「ログインで利用する認証情報の変更」だといえます。認証情報は通常、登録情報なので、リカバリーの機能とは「認証付きの登録情報変更機能」だともいえます。

　最もなじみのあるパスワード認証を例に、リカバリーに必要な機能を図3.11に示します。

　パスワードを忘れた場合は、事前に登録済みのメールアドレスを利用します。メールアドレスにパスワード再設定画面のリンクを送信し、これをクリックしたことをもってユーザーを認証します。これが「ログインとは別の認証」にあたります。

　パスワード再設定画面にて、新しいパスワードを設定することが「ログインで利用する認証情報の変更」にあたります。

　パスワード認証でのログインの場合、上記の2つの機能の組み合わせがベストプラクティスとして確立されており、多くのサービスで利用されています。一方、ソーシャルログインの場合は、ベストプラクティスといえるリカバリーは確立されていません。

> 📓 **note**
>
> 本書では、ソーシャルログインのリカバリーとして「メール認証」＋「登録時とは別のIdPとのID連携機能」を提案します。詳細は5.1.1項で説明します。

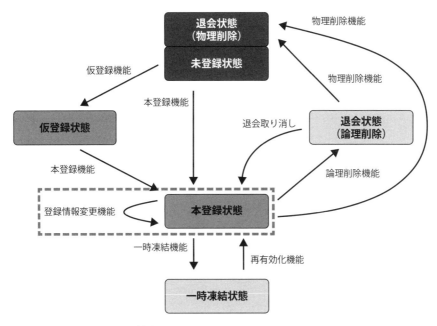

図3.11 登録情報変更に必要な機能

3.3.4 一時凍結機能／再有効化機能

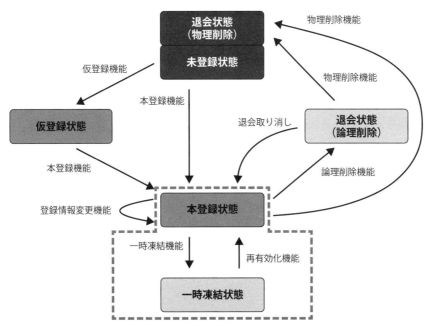

図3.12 凍結周りの流れ

3

ソーシャルログインを実現するには

利用者が規約に違反するような利用方法をした場合や、不正なログインが疑われる場合に、対象ユーザーの利用を一時的に禁止にする機能が**一時凍結機能**です。そして凍結状態から再度、ログイン可能な状態に戻す機能が**再有効化機能**です。この2つの機能はアプリのシステム管理者が使う機能です。

3.3.5　論理削除機能／物理削除機能／退会取り消し機能

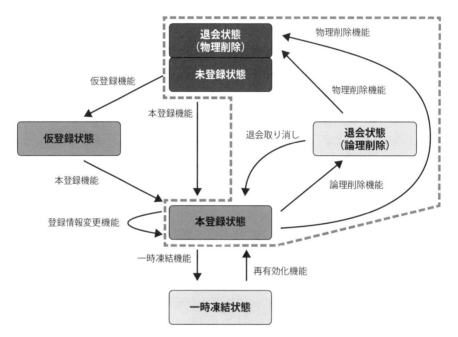

図3.13　退会周りの流れ

IDを削除するには2通りの方法があります。

1つは退会状態（論理削除）を経由する方法です。本書では「アプリの内部にユーザーの属性情報の一部が残っている状態」を**退会状態（論理削除）**と呼びます。運用としては、論理削除機能で退会状態になったあと、一定期間が過ぎたら**物理削除**して全部データを消す、といった流れになります。また、退会状態の場合、ユーザーは再入会して以前の状態を復元できます。図3.13の「退会取り消し機能」がその機能にあたります。

もう1つは、いきなり物理削除を行う場合です。状態としては退会状態（物理削除）と表現していますが、未登録状態と同じものです。再入会時にユーザーデータの復元が必要ない場合は、物理削除を行います。

3.3.6　必要な機能まとめ

ここまでの要点をまとめます。

アプリにログイン機能を付与する場合、ID管理が必須となり、以下の機能が必要になります。なお、「※」が付いた機能は要求次第で省略可能な機能です。

- 仮登録機能※
- 本登録機能
- 登録情報変更機能
    - リカバリー機能
- 一時凍結機能
- 再有効化機能
- 論理削除機能※
- 退会取り消し機能※
- 物理削除機能

3.3.7　サンプルアプリの機能

以降の章では、Firebase Authを使ったサンプルアプリを実装しつつ各機能の設計・実装のポイントを学んでいきます。

サンプルアプリでは以下の機能を実装します。

- ソーシャルログイン
- ID管理
    - 仮登録機能
    - 本登録機能
    - 登録情報変更機能
        - リカバリー機能
    - 物理削除機能

なお、一時凍結機能、再有効化機能についてはFirebaseコンソールで提供されているのでその使い方を解説します。

ここで、リカバリー機能について補足しておきます。

　ソーシャルログインのリカバリーにはベストプラクティスといえるものはありません。そこで、本書ではソーシャルログインのリカバリーとして「メール認証」＋「複数のIdPとの連携機能」を提案します。リカバリー機能とは「ログインとは別の認証」＋「ログインで利用する認証情報の変更」だという話をしました。ここでは「メール認証」が「ログインとは別の認証」であり、「複数のIdPとの連携」が「ログインで利用する認証情報の変更」にあたります。

　サンプルアプリでは、より簡易にメール認証を実現するために、Firebase Authのメールリンクログインを利用します。厳密にいうと、欲しいのは「認証（ユーザーの確認）」であって「ログイン（認証＋セッションの発行）」ではないのですが、「ログインとは別の認証」という要件は満たしています。

📝 **note**

メールリンクログインとはログイン用のURLを登録済みのメールアドレスに送信し、そのURLを開くことでログインが完了するログイン方式です。「メールリンクログイン」という用語は一般的ではないかもしれませんが、Firebaseの公式ドキュメントに記載されている用語なので本書でもこの用語を採用します。

　もう1つ「複数のIdPとの連携機能」があれば、仮に、最初に登録したSNSユーザーが利用停止になった場合でも、リカバリーのプロセスをふむことで、別のSNSユーザーで、再度、ソーシャルログインできる状況に戻せます。

　なお、リカバリーでメールアドレスが必要なので、登録時にメールアドレスの所持確認ができるまでは仮登録状態とします。

　以上を踏まえて、サンプルアプリに実装するID管理機能を「ID管理のライフサイクル」をベースにして図示したものが図3.14です。

　リカバリーの機能である「メールリンクログイン」は本登録状態で利用可能なので登録状態に紐付けて記載しています。

　また、登録情報変更機能の中でも、「複数のIdPとの連携機能」と「メールアドレス変更機能」はログインにかかわる情報の変更であり、特に重要なため図中に別記してあります。以降の第4章～第6章では、ソーシャルログインとこの図に表現された機能を持つサンプルアプリを実装しながら詳細を解説します。なお、サンプルアプリはブウラウザ上で動作するJavaScriptとFirebase Authのみで完結するものとして作成していきます。

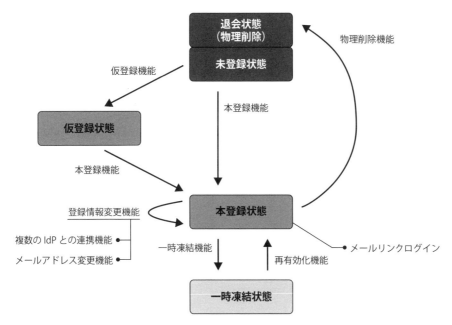

図3.14 以降の章のサンプルアプリの機能

ソーシャルログイン、
本登録、仮登録

　本章以降ではサンプルアプリを通して、ソーシャルログインとID管理のライフサイクルに沿った機能を解説します。

　本章では、ソーシャルログインと本登録・仮登録にかかわる機能を作ります。ID管理のライフサイクル上では図4.1の破線で囲んだ部分に相当します。

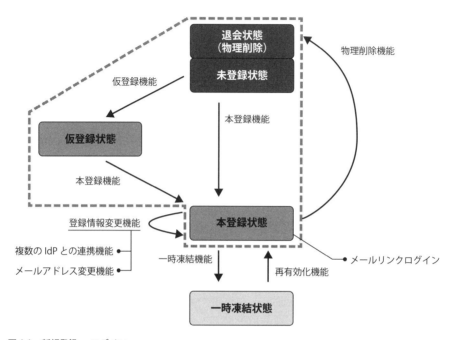

図4.1　新規登録・ログイン

　サンプルアプリを作る前に、準備としてFirebaseコンソールでのプロジェクト設定、ローカルの開発準備、IdPへのリライングパーティとしての登録を行います。

4.1 開発の準備

　まずは、開発の準備を行います。Firebase Hostingにデプロイするのは第2章と同じです。新たな要素として、npm installによるパッケージのインストールと、webpackによるバンドルが必要となります。

4.1.1 開発から公開までの流れ

　まずは、開発から公開までの流れを図4.2を見ながら説明します。なお、この流れは第4章から第6章まで共通です。

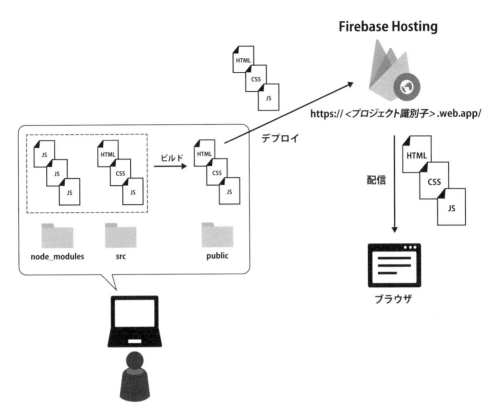

図4.2　全体像

　この時点ではわからない用語や概念があっても、気にせず読み進めてください。登場する各要素については、次項以降で順次説明しています。

　まずはこれまでと変わっていない部分から説明します。publicディレクトリにあるファイルをFirebase Hostingにデプロイし、Firebase Hostingが生成したプロジェクト用のURLにブラウザでアクセスして動作確認します。ここまでは第2章と同じであり、Firebaseコンソールでのプロジェクトの作成とアプリの登録、Firebase CLIでの初期化については第2章と同じ作業を行います。

　新しく追加になったのは、図4.2の左下に表現されているローカルの環境です。第2章ではpublic内部にあるファイルを編集していましたが、本章ではsrc内部にあるファイルを編集します。また、後述するnpm installでFirebase JavaScript SDKおよび依存パッケージをインストールします。これらのファイルはnode_modulesディレクトリの配下に置かれます。

　その後、src配下とnode_modules配下にあるファイルをバンドルしたものをpublicディレクトリに出力します。**バンドル**とは複数のファイルを1つにまとめることを意味し、そのために**webpack**を導入します。

バンドルされたファイルをFirebase CLIを使ってFirebase Hostingにデプロイします。

4.1.2 Firebase コンソールの設定

ここからは図4.2の環境を構築していきます。まずFirebaseコンソールの画面で新しいプロジェクトを作成します。Firebaseコンソールのトップ画面（`https://console.firebase.google.com/`）にアクセスして、［プロジェクトを追加］をクリックします（図4.3）。

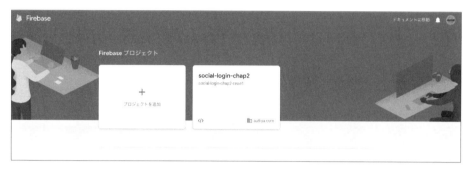

図4.3　プロジェクト追加

次に、図4.4の画面が表示されるのでプロジェクト名を入力しましょう。ここでは「social-login-chap456」としています。なお、第5章、第6章でもこのプロジェクトを使います。

図4.4　プロジェクト追加_プロジェクト名

これ以降は第2章と同じなので、第2章を見ながらプロジェクトの作成と、アプリの登録を行ってください。Googleログインの設定については、後ほどアプリの登録を解説する際に説明します。

4.1.3　ディレクトリの準備

ここでは開発に利用するディレクトリを作成します。

第2章で作成したchap2ディレクトリと同じ階層にchap456ディレクトリを作成して、その配下に必要なファイル群を作成します。なお、第5章、第6章でもこのchap456ディレクトリを利用します。

完成時のファイル構成は図4.5のようになります（html、js、node_modulesディレクトリ配下のファイル群は省略しています）。

図4.5　完成時のファイル構成

なお、chap456配下のファイルやディレクトリの詳細については以降の項で順次説明していきます。

それでは、手動作成が必要なディレクトリを作成しましょう。social-loginディレクトリにて、chap456、src、src/html、src/js、publicディレクトリを作成してください。

```
$ mkdir chap456

$ cd chap456

$ mkdir -p src/html

$ mkdir src/js

$ mkdir public
```

chap456ディレクトリ配下の、node_modulesディレクトリはここで作成する必要はありません（詳細は後述）。

4.1.4　CSS ファイルの配置

Firebase Authのサンプルアプリにおいて、CSSは本質的には関係ないのですが、見やすくするためにstyle.cssとしてCSSファイルを作成してあります。サンプルコードからsytle.cssをコピーしてsrcの配下に置いてください（本書では内容について特に解説しません）。

4.1.5　プロジェクトの初期化

次に、Firebase Hostingのデプロイの準備として、Firebase プロジェクトの初期化を行います。

 note

もし、Firebase CLIのインストールと firebase login コマンドの実行がまだの場合は、第2章を参照して firebase login まで進めてください。

初期化のために、chap456ディレクトリにて以下のコマンドを実行してください。

```
$ firebase init
```

この後に現れる選択肢は第2章と同じものを選択してください。ただし、プロジェクトの選択では、第4章のために新しく作成したプロジェクトを選択してください。

直下に firebase.json が、public の下に index.html、404.html が作成されていれば成功です。

サンプルアプリのデータをコピーしてから firebase init を行うとこれらのファイルが上書きされるので注意してください。

4.1.6　アプリ初期化設定ファイルの作成

続いて、アプリ内でFirebaseのAPIを利用するための初期化設定のファイルを作成します。

note

本書執筆にあたり、公式ドキュメント内で初期化の具体的な処理の説明を探しましたが、特に見つけられませんでした。設定項目を見る限り、Firebaseのプロジェクトと実行されるアプリとをひも付ける処理だといえます。

初期化設定ファイルに記載された設定情報は第三者に見られても問題ありません。ただし、Cloud Firestore、Firebase Realtime Database、Cloud Storage を利用する場合はセキュリティルール（https://firebase.google.com/docs/rules）で適切に保護してください。仮にルールをフルオープンにしていると、第三者でもこの設定情報があれば上記のサービスのデータにアクセスできてしまいます。本書ではこれらのサービスは利用しないので、セキュリティルールも設定しません。

　設定ファイルを作成しましょう。Firebaseコンソール（図4.6）の［プロジェクトの概要］の横にある設定（歯車）ボタンを押して、メニューから［プロジェクトの設定］を選択します。そして、マイアプリの「SDKの設定構成」から［Config］を選択し、右下にあるコピーボタンを押してください。

図4.6　firebase_config

　これで画面に表示された内容がコピーできます。
　ここまでできたら、chap456/src/jsの下にfirebase-config.jsとしてコピーした内容を保存してください（リスト4.1）。リスト4.1ではイメージしやすいように値を入れていますが、firebaseConfigは先ほどコピーしたものに差し替えてください。また、最終行に、「export default firebaseConfig;」と追記してください。

リスト4.1　firebase-config.js

```
const firebaseConfig = {
    apiKey: "AIzaSyBcmwokaIP9s8CAVJyhMZzprD_xOkakqHU58",
    authDomain: "social-login.firebaseapp.com",
    projectId: "social-login",
    storageBucket: "social-login.appspot.com",
    messagingSenderId: "6422133844698",
    appId: "1:6422133844698:web:b178e1cbd2cmasomo59ae4dc3",
};

export default firebaseConfig;
```

4.1.7　Firebase JavaScript SDK のインストール

　ここからは、Firebase Auth APIを利用するために**Firebase JavaScript SDK version 9**（以下Firebase v9）をインストールします。インストールにはnpmを使います。chap456ディレクトリで以下のコマンドを入力してください。

```
$ npm install firebase
```

　インストールが完了すると、package.jsonおよびpackage-lock.jsonというファイルと、node_modulesディレクトリが自動的に生成されます。このnode_modulesディレクトリには、firebaseパッケージおよび、依存するパッケージの本体となるプログラムコード群が配置されます。

　また、package.jsonとpackage-lock.jsonにはインストールしたパッケージ群の情報が記載されています。チーム開発を行うときは、これら2つのファイルを使って、インストールするパッケージ群とそのバージョンをチームメンバー間で合わせます。

　package.jsonにはnpm installで明示的にインストールしたパッケージとバージョンの情報が記載されています（リスト4.2）。

リスト4.2　package.json

```
{
  "dependencies": {
    "firebase": "^9.9.3"
  }
}
```

　package.jsonではバージョン番号に「^」が付いていますが、これは「同一メジャーバージョン」を意味します。したがって、チームメンバーとリポジトリなどでpacakge.jsonだけを共有してnpm installした場合、バージョン9.9.3がインストールされるとは限らず、メジャーバージョンが9であるいずれかのバージョンがインストールされます。

　一方のpackage-lock.jsonにはインストールされたfirebaseパッケージおよび、依存するパッケージの正確なバージョンが記載されています。そのためこれら2つのファイルを共有して、npm installすることで、依存パッケージも含めて同じバージョンのパッケージ群をインストールできます。

📝 **note**

本書の執筆にあたり、Firebase JavaScript SDKのバージョン9.9.3で動作確認を行っています。なお、コード内でのモジュールインポートの方法がバージョン9から変更になったため、サンプルコードはバージョン8以下では動作しません。もし、バージョン違いが原因でサンプルアプリが動作しないようであれば、サンプルコードからpackage.jsonとpackage-lock.jsonをchap456ディレクトリにコピーしてnpm installを実行してください。

4.1.8　webpack のインストール

　第2章ではFirebase v9のcompat版をCDNからダウンロードする形で取り込みましたが、本章以降ではモジュラー版を利用します。Firebase v9のモジュラー版はバンドル時のツリーシェイキングに対応しています。「モジュールバンドル」とは、複数に分かれたJavaScriptのモジュールファイルを1つにまとめることです。ファイルを1つにまとめることで、ウェブコンテンツの読み込み性能向上につながります。また「ツリーシェイキング」とはモジュールをバンドルする際に、使われていないコードを除去することです。これによって、バンドルされたファイルの容量を軽減し、さらなる読み込み性能の向上を図ります。

　ファイルをバンドルしてくれるツールをモジュールバンドラーと呼びます。本書ではその1つである**webpack**を利用します。

　webpackはNode.js上で動作する、CLIのモジュラーバンドラーです。ファイルをバンドルするだけではなく、空白、コメント、改行を削除して小容量化する機能（minify）や、パッケージのOSSライセンスを抽出する機能なども持ちます。さらにプラグインを追加することで機能拡張も行えます。

　それでは、webpackをインストールしましょう。一緒に、webpack用のコマンドラインツールであるwebpack-cliもインストールします。これらは開発に利用するパッケージなのでインストールコマンドに-Dオプションを付けます。chap456ディレクトリで以下のコマンドを実行してください。

```
$ npm install -D webpack webpack-cli
```

4.1.9 ビルドコマンドとデプロイコマンドの作成

以降の章では、srcディレクトリ配下のファイルを編集してサンプルアプリを作成しますが、第2章のように編集したものをそのままデプロイするのではなく、webpackによってモジュールをバンドルしたものをデプロイします。

そのため、webpackを使って、publicディレクトリにファイルを出力します。その際、モジュールバンドル以外にも「minify」「ライセンス情報の抽出」「CSSファイルとHTMLファイルのコピー」といった処理も行うので、本書ではこれらの処理をまとめて**ビルド**と呼びます。

ここではビルドコマンドと、Firebase Hostingへのデプロイコマンドを作成します。

処理の全体像を図4.7に示します。

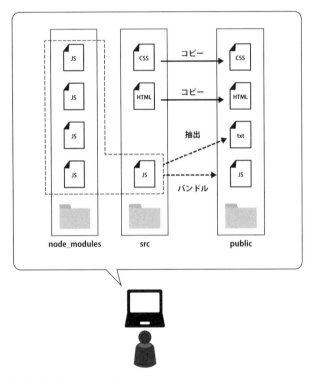

図4.7　build_command

　HTMLファイル、CSSファイルはコピーするだけなので、最初からpublicに配置して編集してもいいのですが、わかりやすさのため「srcディレクトリ配下は編集用」「publicディレクトリ配下がデプロイ用」として役割を分けることにします。またGitで管理する場合、public配下はリポジトリに含めない、といった運用もできます。HTMLファイルやCSSファイルのコピーのためにwebpackの拡張であるcopy-webpack-pluginパッケージをインストールします。

```
$ npm install -D copy-webpack-plugin
```

　webpackはwebpack.config.jsというファイルに各種の処理や拡張プラグインの設定を記述します。chap456ディレクトリの配下にwebpack.config.jsを作成し、リスト4.3の内容を記述してください。

リスト4.3　webpack.config.js

```
module.exports = {
  mode: 'production',
  entry: {
    login: './src/js/login.js',
    mypage: './src/js/mypage.js',
    'register-email': './src/js/register-email.js',
  },
  output: {
    path: `${__dirname}/public`,
    filename: '[name].bundle.js',
  },

  plugins: [
    new CopyPlugin({
      patterns: [
        {
          from: `${__dirname}/src/html`,
          to: `${__dirname}/public`,
        },
        {
          from: `${__dirname}/src/style.css`,
          to: `${__dirname}/public`,
        },
      ],
    }),
  ],
};
```

　設定を1つずつ見てみましょう。

　modeには'develop'と'production'のどちらかが指定可能ですが、ここでは'production'としました。'production'を指定すると、「<*バンドルされたJSファイル名*>.LICENSE.txt」という名前でバンドルされたOSSのライセンス情報が出力されます。

　entryにはメインとなる処理を行うJSファイルを指定します。ここではlogin.js、mypage.js、register-email.jsの3つを指定しています。これらのファイルはエントリーポイントと呼ばれ、サンプルアプリの各ページのメインの処理となります。

　outputにはバンドル後のファイルのルールを記述します。出力先はpublicディレクトリであり、ファイル名は「<*エントリーポイントのファイルのベース名*>.bundle.js」とします（ベース名とはファイル名から拡張子を抜いた部分のこと）。また、HTMLからはこのバンドル後のファイルを指定して読み込みます。

　pluginsにはコピープラグインの設定を記述します。src配下のHTMLファイルとCSSファイルをpublic配下にコピーしています。

　次に、package.jsonにwebpackを動作させるコマンドを作成しますが、その前に前処理としてpublicディレクトリのファイルを削除するコマンドを作成します。publicに以前のファイルが残っており、サンプルアプリが誤動作するのを防ぐためです。

　Windows PC ／ Mac ではファイル削除コマンドが異なるのですが、package.jsonのコマンドは共通化したいので、rimrafパッケージをインストールします。

```
$ npm install -D rimraf
```

　それでは、コマンドを定義していきます。package.jsonにscriptsという項目を追加します。その際、scriptsの1つ上の行の最後に「,」を入れるのを忘れないでください。

　作成完了したpackage.jsonをリスト4.4に示します。

リスト4.4　package.json

```
{
  "dependencies": {
    "firebase": "^9.9.2"
  },
  "devDependencies": {
    "copy-webpack-plugin": "^11.0.0",
    "rimraf": "^3.0.2",
    "webpack": "^5.74.0",
    "webpack-cli": "^4.10.0",
  },
  "scripts": {
```

```
    "clean": "rimraf ./public/*",
    "build": "npm run clean && webpack --config webpack.config.js",
    "deploy": "npm run build && firebase deploy"
  }
}
```

　"scripts"の中に、clean、build、deployの3つのコマンドを定義しました。これにより、ターミナル上で「npm run <コマンド名>」と入力すると、package.jsonで定義したコマンドが実行されるようになります。

　1つ目のcleanコマンドは、rimrafコマンドでpublic配下のファイルを削除します。2つ目のbuildコマンドは、cleanコマンドを実行したあと、webpackを実行します。これでwebpack.config.jsで定義した処理が実行されます。結果、publicディレクトリ配下にデプロイ用のファイル群が生成されます。最後のdeployコマンドは、buildコマンドを実施したうえでFirebase Hostingにデプロイします。

> **note**
>
> cleanやbuildコマンドを個別に実行することは、基本的にありません。

　コードができたら、npm run deployを実行してFirebase Hostingにデプロイして動作確認してください。

　これでサンプルアプリを作ってデプロイする環境が整いました。図4.8を見ながら、流れをおさらいしましょう。

1. srcディレクトリ配下のファイルを編集してサンプルアプリを作成する
2. 完成したら、npm run deployを実行するとpublicにデプロイ用ファイルが出力される
3. ファイルの出力が完了するとpublic配下のファイルがFirebase Hostingにデプロイされる
4. Firebase HostingのプロジェクトのURLにアクセスして動きを確認する

4

ソーシャルログイン、本登録、仮登録

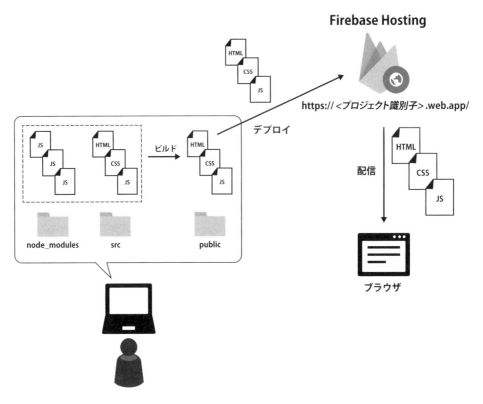

図4.8 全体像 (再掲)

4.2 IdP へのアプリ登録

　3.1.4項で説明したとおり、ソーシャルログインをアプリで動作させるためには事前にIdPに
アプリを登録する必要があります。

　登録の流れはIdPによらずほぼ同じです。ここではGitHubへの登録を中心にIdPへの登録の
流れを説明します。

　全体の登録の流れを図4.9に示します。

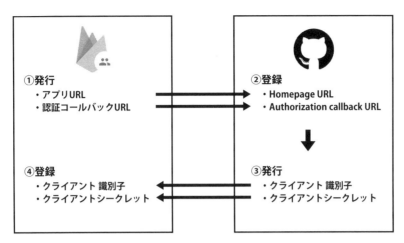

図4.9　IdPへの登録の流れ

① **発行**：Firebase でアプリを登録（生成）するとアプリの URL（アプリ URL）と認証コールバック URL が生成される
② **登録**：IdP でアプリ登録を行う。このとき、アプリ URL（GitHub では Homepage URL と表記されている）と認証コールバック URL（GitHub では Authorization callback URL と表現されている）を入力する
③ **発行**：アプリの登録が完了するとクライアント識別子とクライアントシークレットが発行される
④ **登録**：発行されたクライアント識別子とクライアントシークレットを Firebase Auth に登録する

　なお、「認証コールバック URL」「Authorization callback URL」は、いずれも 3.1.4 項で説明した「リダイレクト URI」と同じものです。以降では、Firebase コンソールの表記に従って「認証コールバック URL」と呼びます。
　また、この流れのうち①の部分は Firebase 上で一度行うだけですが、②、③、④は IdP ごとに行う必要があることに注意しましょう。

4.2.1　アプリ登録に必要な情報

　まずは、アプリ登録に最低限必要な以下の情報をそろえましょう。

- アプリ URL
- 認証コールバック URL

　これらの情報は Firebase Auth にアプリを登録（生成）した際に Firebase Auth によって発行されます。図4.9 では①で表現されている部分です。

認証コールバックURLはIdPでの認証が終わったあとのブラウザの遷移先URLです。3.1.4項で示した認可コードフローの図（図3.4）を再掲します（図4.10）。認証コールバックURLは⑦のリダイレクトURIのことです。

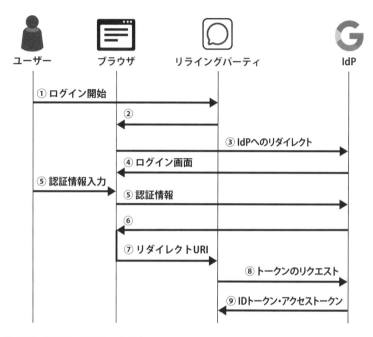

図4.10 認可コードフロー (再掲)

アプリURL、認証コールバックURLともにFirebaseコンソールで確認できます。

まずは、アプリURLを確認しましょう。Firebaseコンソールの左サイドバーの［構築］を開いて、［ダッシュボード］タブを開くと表示される表の「ドメイン」列のリンク先URLがアプリURLです。2つあるうち、サンプルアプリではweb.appドメインを利用するので、こちらをメモしてください。

図4.11 Hosting画面

左のペインから［Authentication］を選択し、［Sign-in method］のタブを開くと図4.12に示すように設定可能なログイン方法の一覧が表示されます。この中から「GitHub」をクリックしてください。

図4.12　Authentication画面

図4.13のように、GitHubに関する設定画面が開きますが、その画面の下方にあるのが認証コールバックURLです。

図4.13　GitHubに関する設定画面

これで、アプリURLと認証コールバックURLを確認できました。

4.2.2 GitHubへの登録

それでは、GitHubにアプリを登録しましょう。図4.9の②にあたる部分です。

GitHubを開いて、右上のプロフィールアイコンをクリックすると図4.14のメニューが出ます。ここで［Settings］をクリックしましょう。

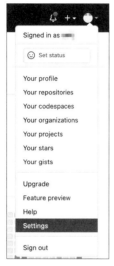

図4.14　GitHubメニュー

続いて、最下部にある［Developer settings］ボタンをクリックします。

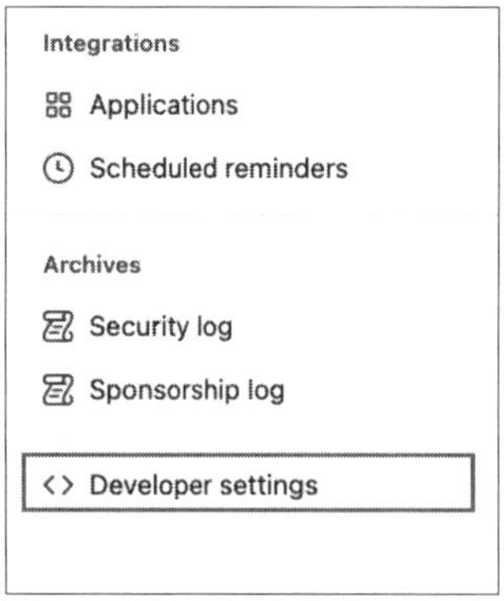

図4.15　Developer settings

開いた画面で、左のサイドバーの［OAuth Apps］ボタンを選択すると［Register a new application］ボタンが表示されるのでクリックしてください。

GitHub Apps
OAuth Apps
Personal access tokens
No OAuth applications
OAuth applications are used to access the GitHub API. Read the docs to find out more.
Register a new application

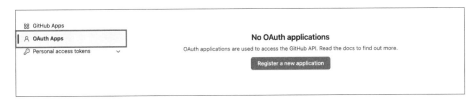

図4.16 OAuth Applicationの作成

さらに画面右上に表示された［New OAuth App］ボタンをクリックします。

すると、図4.17のようなOAuth applicationの登録画面が開くので、各項目に入力してください（「※」が付いた項目は必須）。

- Application name※
  - GitHubのAPIを利用するアプリケーションの名前です。これから作るサンプルアプリの名前を入力します。ここの名前は任意でよいので、自由に付けましょう。例では「firebase-login-sample-app」としています
- Homepage URL※
  - Firebase Hostingの画面で確認したアプリURLを入力します
- Authorization callback URL
  - Firebase Authの画面で確認した認証コールバックURLを入力します

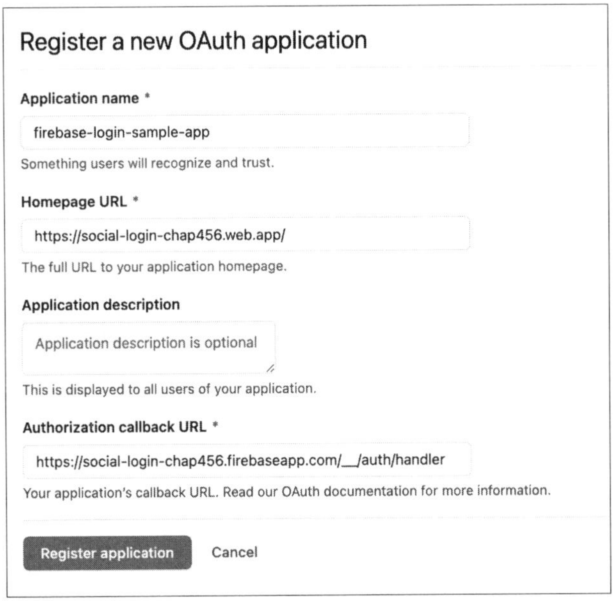

Register a new OAuth application
Application name *
firebase-login-sample-app
Something users will recognize and trust.
Homepage URL *
https://social-login-chap456.web.app/
The full URL to your application homepage.
Application description
Application description is optional
This is displayed to all users of your application.
Authorization callback URL *
https://social-login-chap456.firebaseapp.com/__/auth/handler
Your application's callback URL. Read our OAuth documentation for more information.
Register application
Cancel

図4.17 OAuth applicationの登録画面

入力が終わったら、下にある［Register application］ボタンを押すと、クライアント識別子とクライアントシークレットを表示するダイアログがページ中央に表示されます。この段階ではクライアントシークレットはまだ生成されていないので、［Generate a new client secret］ボタンを押して、クライアントシークレットを生成します。

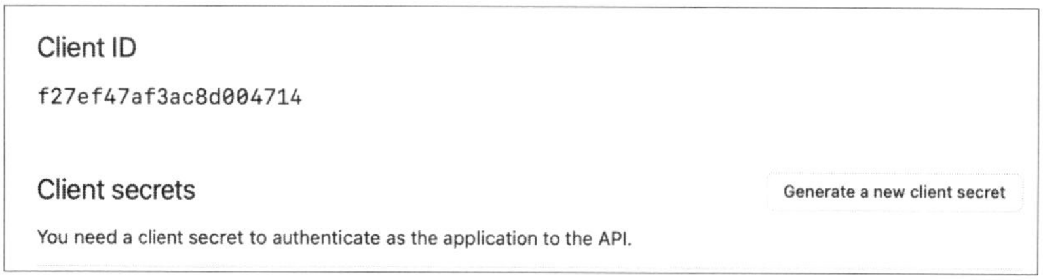

Client ID

f27ef47af3ac8d004714

Client secrets　　　　　　　　　　　　　　　　　　　Generate a new client secret

You need a client secret to authenticate as the application to the API.

図4.18　クライアント識別子とクライアントシークレットの表示画面

生成されると図4.19のような情報が表示されます。

図4.19　クライアントシークレット表示画面

　以上でクライアント識別子とクライアントシークレットの発行は完了です。全体像を示す図4.9においては③まで完了したことになります。
　次は、このクライアント識別子とクライアントシークレットを Firebase Auth に設定します。図4.9の④にあたる部分です。図4.12のFirebase コンソールのAuthentication画面に戻り、［Sign-in method］のタブを開いて、［プロバイダ］から［GitHub］をクリックします。
　図4.20のような画面が開くので、GitHubのアプリ登録画面で発行されたクライアント識別子とクライアントシークレットを入力しましょう。

図4.20　クライアント識別子とクライアントシークレット入力画面

　この状態で、右上の［有効にする］スイッチをオンにすると、GitHubアカウントでのログインの準備は完了です。

4.2.3　Google への登録

　続いて、Google IdPでのログインのための準備をします。

　Firebaseコンソールで Authentication を開き、［Sign-in method］のタブから［新しいプロバイダを追加］ボタンを押してください（図4.21）。

図4.21　Authentication 画面

　すると、図4.22の画面が開くので［Google］を選択してください。

図4.22　［Google］を選択

　図4.23の画面が開くので［有効にする］スイッチをオンにして、［プロジェクトのサポートメール］を選択し、［保存］ボタンを押します。

図4.23　Googleアカウントに関する設定画面

　Googleアカウントでのログインのための準備は以上です。

　Firebase は Google によって提供されているため、GitHub の設定時に行ったように、アプリのURL や認証コールバック URL のプロバイダへの登録（図4.9の②）、クライアント識別子、クライアントシークレットの発行（図4.9の③）、Firebase Auth への登録（図4.9の④）の手続きを行う必要はありません。Firebase Auth で Google ログインを有効にした段階で、これらの設定は自動的に行われます。

　実際に、上記の手続きが行われている証拠として Google IdP が発行したクライアント識別子、クライアントシークレットを確認することができます。図4.24の画面の下のほうにある［ウェブ SDK 構成］の横のボタンを押して展開すると、クライアント識別子、クライアントシークレットが確認できます。

図4.24　Google IdP が発行したクライアント識別子とクライアントシークレット

4.3　Firebase Auth 上でのユーザー作成

　サンプルアプリを作り始める前に、Firebase Auth 上のユーザー作成とアプリの登録状態の関係について解説します。

4.3.1　Firebase Auth のユーザー作成と登録状態の関係

　まず、Firebase Auth におけるユーザー作成と「登録状態」について整理しておきましょう。

　ID 管理のライフサイクルの概念には、仮登録状態と本登録状態がありました。仮登録状態とは「アプリで ID を保持しているがユーザーがアプリを利用できない状態（または一部の機能しか利用できない状態）」です。メールの確認が行われない状態ではリカバリーできないため、サンプルアプリでは、メールアドレスの所持確認（メールの確認）が行われていない状態を仮登録状態とします。

　なお上記の「本登録状態」「仮登録状態」というのはあくまでアプリ側で定義したものであり、Firebase Auth とは直接関係しません。Firebase Auth では、初めて IdP で認証した時点でユーザーが作成されます。

混乱を避けるため、以降では「登録」「登録状態」「ユーザーの登録」という言葉はアプリ視点でのユーザー登録を指す場合のみ使います。また、Firebase Auth にユーザーが登録されることを表すには上記の表現を用いずに「Firebase Auth にユーザーが作成される」といった表現を用いることにします。

4.3.2 Firebase コンソールの Authentication 画面

Firebase Auth 上でユーザーが作成されると Firebase コンソールで確認できます。Firebase コンソールから［Authentication］→［users］タブを選択します（図4.25）。

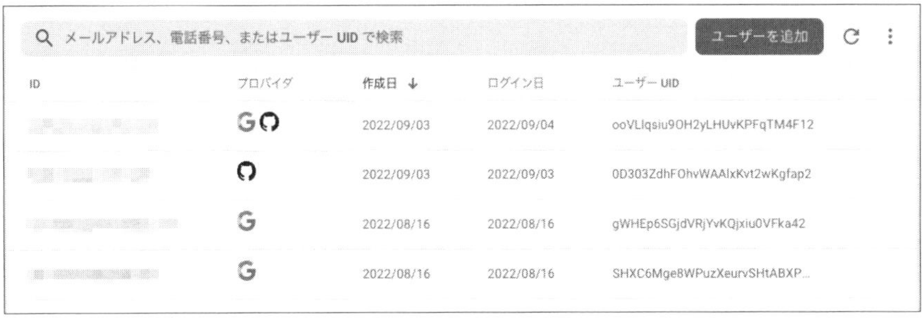

図4.25 ユーザー一覧画面

各行が1つのユーザーに対応しており、ID（メールアドレス）、連携している IdP、作成日、最終ログイン日、ユーザー UID[1]が表示されています。

このうち、ユーザー UID（以下、UID）がユーザー識別子を表しています。メールアドレスの項目が ID になっているため紛らわしいのですが、メールアドレスはユーザー識別子ではありません。そのため登録後の変更により、過去に他のユーザーにひも付いていたメールアドレスを別のユーザーにひも付けることが可能になっています。ただし、同じメールアドレスを複数のユーザーで重複して登録することはできません。

1つのユーザーが複数の IdP と連携することも可能です。1行目のユーザーは Google と GitHub の両方と ID 連携しています。本書では、第5章で複数の IdP と連携する機能を実装します。

なお、各行の右端にある「・」が3つ縦に並んだメニュー（ケバブメニュー）をクリックすると、アカウントの無効化、アカウントの削除、パスワードの再設定[2]が可能です。

※1 特に公式の解説はありませんが、ユーザー UID の U は「User」ではなく「Unique」だと思われます。
※2 本書ではパスワード認証を使わないので、パスワードの再設定機能を使うことはありません。

4.4　サンプルアプリの作成

　ここからは、新規登録・ログイン機能を備えたサンプルアプリを実装します。まずはサンプルアプリの画面、機能を一通り紹介し、サンプルコードを見ながら概要を説明します。

4.4.1　画面

　本章で作成するサンプルアプリには表4.1に示す3つの画面があります。カッコの中は各ページのURLのパスです。

表4.1　本章で作成するサンプル画面)

画面	パス	追加機能
ログイン画面	/login.html	・「Googleでログイン」機能 ・「GitHubでログイン」機能
メールアドレス登録画面	/register-email.html	・メールアドレス登録機能
マイページ	/	・ディスプレイネームの表示機能 ・メールアドレスの表示機能 ・ログアウト機能

　なお、マイページの実体はmypage.htmlにあります。マイページのパスを/にするために、firebase.jsonのhostingの項目の中でrewritesを設定します。

リスト4.5　firebase.json

```
"rewrites": [
  {
    "source": "/",
    "destination": "/mypage.html"
  }
```

■ 新規登録・ログイン画面（login.html）

図4.26　新規登録・ログイン画面

この画面では、Google IdP または GitHub IdP でのログインおよび新規登録ができます。ボタンを押すと対応する IdP でのログイン画面が開きます。

■ メールアドレス登録画面（register-email.html）

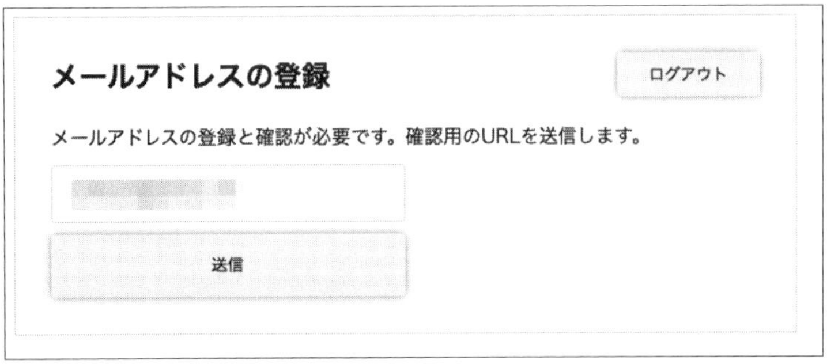

図4.27 メールアドレス登録画面

IdP から取得したメールアドレスが未確認だった場合、この画面に遷移します。基本的にメールの確認ができるまでは仮登録状態なので、ユーザーはマイページの機能を利用できません。

■ マイページ（/）

図4.28 マイページ画面

ログイン後に、自分の情報を表示するページです。ここでは名前とメールアドレスだけを表示します。この画面を表示するのは本登録状態、すなわちメール確認後になります。

右上の［ログアウト］ボタンでログアウトできます。

各画面の関係を図4.29に示します。

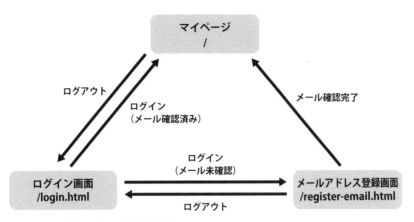

図4.29　サンプルアプリの各画面の関係

　サイトのルート（/）はマイページです。マイページを開けるのは「ログイン状態かつメール確認済み」の場合です。

　ログアウト状態の場合はログイン画面（/login.html）が表示されます。

　ログイン状態かつメール未確認の場合は、メールアドレス登録画面（register-email.html）が表示されます。

4.4.2　機能の実装

　ここからはソースコードを見つつ、各画面の機能の実現の方法についてポイントを解説します。

■ ログイン画面

　login.htmlはログイン画面のHTMLです（リスト4.6）。

リスト4.6　login.html

```
<!DOCTYPE html>
<html>

<head>
  <meta charset="utf-8" />
  <meta name="viewport" content="width=device-width, initial-scale=1.0" />
  <title>Social Sign In Example</title>

  <link rel="stylesheet" href="style.css" />
</head>

<body>
```

```html
  <div class="content">
    <div class="title">
      <h1> ログイン </h1>
    </div>
    <div>
      <button class="btn btn-google-login" id="googleLogin">
        Google アカウントでログイン / 新規登録
      </button>
    </div>
    <div>
      <button class="btn btn-github-login" id="githubLogin">
        GitHub アカウントでログイン / 新規登録
      </button>
    </div>
  </div>
  <script src="login.bundle.js"></script>
</body>

</html>
```

ログインボタンの機能は、リスト 4.7 に示す login.js に実装されています。

リスト4.7　login.js

```javascript
import {
  getAuth,
  signInWithPopup,
  GoogleAuthProvider,
  GithubAuthProvider,
} from 'firebase/auth';
import { initializeApp } from 'firebase/app';
import firebaseConfig from './firebase-config';

initializeApp(firebaseConfig);

const redirectToMyPageWhenLoginSuccess = async (provider) => {
  try {
    const auth = getAuth();
    const result = await signInWithPopup(auth, provider);
    // メールが確認されていない場合はメール登録画面に遷移する
    if (!result.user.emailVerified) {
      window.location.href = 'register-email.html';
      return;
    }
    window.location.href = '/';
  } catch (error) {
    if (error.code === 'auth/account-exists-with-different-credential') {
      alert(
        `${error.customData.email} は他の SNS と連携した既存ユーザーが登録済みです。既存⏎
```

```
ユーザーでログイン後、こちらの SNS との連携が可能です。`
      );
      return;
    }
    alert(`ログイン /新規登録に失敗しました。\n${error.message}`);
  }
};

// Google ログインボタン
const googleLogin = () => {
  redirectToMyPageWhenLoginSuccess(new GoogleAuthProvider());
};
document.getElementById('googleLogin').addEventListener('click', googleLogin);

// GitHub ログインボタン
const githubLogin = () => {
  redirectToMyPageWhenLoginSuccess(new GithubAuthProvider());
};
document.getElementById('githubLogin').addEventListener('click', githubLogin);
```

login.jsの中身を上から順に見ていきましょう。1 ～ 6行目はFirebase Auth SDKに必要なAPIを読み込んでいます。

```
import {
  getAuth,
  signInWithPopup,
  GoogleAuthProvider,
  GithubAuthProvider,
} from 'firebase/auth';
```

このように必要なものだけを指定しておけば、webpackのツリーシェイキングにより必要のないコードが除去されます。

7 ～ 10行目はFirebaseの初期化をしています。

```
import { initializeApp } from 'firebase/app';
import firebaseConfig from './firebase-config';

initializeApp(firebaseConfig);
```

初期化のAPIと、先に作成したfirebaseConfigを読み込んで初期化しています。

次に示す箇所では、GoogleログインボタンとGitHubログインボタンの実体となる関数とボタンとのひも付けが行われています。

```
// Google ログインボタン
const googleLogin = () => {
  redirectToMyPageWhenLoginSuccess(new GoogleAuthProvider());
};
document.getElementById('googleLogin').addEventListener('click', googleLogin);

// GitHub ログインボタン
const githubLogin = () => {
  redirectToMyPageWhenLoginSuccess(new GithubAuthProvider());
};
document.getElementById('githubLogin').addEventListener('click', githubLogin);
```

処理の実体となる関数はredirectToMyPageWhenLoginSuccess()であり、引数でGoogle IdP
とGitHub IdPのインスタンスをそれぞれ渡しています。

ログイン画面を出すにはFirebase Auth APIのsignInWithPopup()を利用します。引数には
Firebase Auth APIのgetAuth()で取得したauthインスタンスと、providerインスタンスを指
定します。

```
const result = await signInWithPopup(auth, provider);
```

Google IdPのポップアップ画面は図4.30のようなものになります。

図4.30　Google IdPのポップアップ画面

同様に、GitHub IdPのポップアップ画面を図4.31に示します。

図4.31　GitHub IdPのポップアップ画面

📄 **note**

ブラウザでそれぞれのサービスにログイン済みの場合は、これらの画面はスキップされることが
あります。

　ログインに成功した場合、signInWithPopup()の返り値であるresultにはIdPから取得した
ユーザーの属性情報が含まれています。その中で重要な情報はメールアドレスの確認フラグ
であるresult.user.emailVerified（以下emailVerified）です。emailVerifiedがtrueの場
合は、IdPより取得したメールアドレスが確認済みであるため、マイページ（/）に遷移させま
す。emailVerifiedがfalseの場合は未確認なので、メールアドレス登録画面（register-email.
html）に遷移させます。リスト4.7の以下の処理が、その部分にあたります。

```
if (!result.user.emailVerified) {
  window.location.href = 'register-email.html';
  return;
}
window.location.href = '/';
```

note

ちなみに、Firebase Authのメール確認の考え方には独自のルールがありますが、それについては
4.5.3項で解説します。

さらにこのあとに続くcatch節内で、重複した場合の処理が記載されています。

```
if (error.code === 'auth/account-exists-with-different-credential') {
  alert(
    `${error.customData.email} は他の SNS と連携した既存ユーザーが登録済みです。既存ユ➡
ーザーでログイン後、こちらの SNS との連携が可能です。`
  );
  return;
}
```

IdPから取得したメールアドレスが既存ユーザーのメールアドレスと重複していた場合、エ
ラーコードauth/account-exists-with-different-credentialのエラーが発生します。

 note

この処理もFirebase Authの独自ルールの影響を受けるので、後ほど4.5.4項で解説します。

■ メールアドレス登録画面

IdPから取得したメールが確認されていない場合、ログイン後にメールアドレス登録画面に
遷移します。リスト4.8に示すregister-email.htmlがメールアドレス登録画面のHTMLです。
ここにはメールアドレスの入力フォームと、送信ボタン、およびログアウトボタンがありますが、
メールアドレスの入力フォーム、送信ボタンの機能はregister-email.js（リスト4.9）に実装
されており、ログインボタンはlogout.js（リスト4.10）に実装されています。

リスト4.8　register-email.html

```
<!DOCTYPE html>
<html>

<head>
  <meta charset="utf-8" />
  <meta name="viewport" content="width=device-width, initial-scale=1.0" />
  <title>Social login</title>

  <link rel="stylesheet" href="style.css" />
</head>
```

```
<body>
  <div class="content">
    <div class="title flex-justify-between">
      <h1 id="top-message"> メールアドレスの登録 </h1>
      <button class="btn btn-logout" id="logout"> ログアウト </button>
    </div>
    <p>
      メールアドレスの登録と確認が必要です。確認用の URL を送信します。
    </p>
    <div>
      <form name="emailForm" id="emailForm">
        <input class="form-control" id="email" name="email" type="email">
        <button class="btn" type="submit"> 送信 </button>
      </form>
    </div>
  </div>
  <!-- js の読み込み -->
  <script src="register-email.bundle.js"></script>
</body>

</html>
```

次に、register-email.js（リスト 4.9）のメールアドレス登録機能を見てみましょう。

リスト4.9　register-emai.js

```
import {
  getAuth,
  onAuthStateChanged,
  sendEmailVerification,
} from 'firebase/auth';
import { initializeApp } from 'firebase/app';
import firebaseConfig from './firebase-config';
import logout from './logout';

initializeApp(firebaseConfig);

const registerEmail = async (event) => {
  event.preventDefault();
  const emailForm = document.forms.emailForm.elements.email;
  const emailToBeRegistered = emailForm.value;

  const auth = getAuth();
  const user = auth.currentUser;
  auth.languageCode = 'ja';

  const actionCodeSettings = {
    url: `https://${location.host}/login.html`,
```

```
  };

  // プロバイダから取得したメールアドレスとは別のものを登録する場合
  if (user.email !== emailToBeRegistered) {
    try {
      await user.verifyBeforeUpdateEmail(
        emailToBeRegistered,
        actionCodeSettings
      );
      alert(`${emailToBeRegistered} に確認メールを送りました`);
      emailForm.value = '';
    } catch (error) {
      if (error.code === 'auth/email-already-in-use') {
        const result = confirm(
          `${emailToBeRegistered} は他の SNS アカウントによるログインで登録済みです。マイペ
ージにてこちらの SNS アカウントとの連携が可能です。別の SNS アカウントでログインしなおしますか？`
        );
        // 既存アカウントでログインし直す場合
        if (result) {
          // SNS アカウントの認証に成功している時点でユーザーが作られており、このままでは既
存アカウントに連携できなくなるので、ここで削除
          await user.delete();
          window.location.href = 'login.html';
          return;
        }
        // No の場合、フォームを初期化して終了
        emailForm.value = '';
        return;
      }
      alert(`メールの送信に失敗しました。\n${error.message}`);
    }
    return;
  }
  // プロバイダから取得したメールアドレスを登録する場合
  try {
    await sendEmailVerification(user);
    alert(`${emailToBeRegistered} に確認メールを送りました`);
    emailForm.value = '';
  } catch (error) {
    alert(`メールの送信に失敗しました。\n${error.message}`);
  }
};

// メール送信ボタン
document.getElementById('emailForm').addEventListener('submit', registerEmail);

// ログアウトボタン
document.getElementById('logout').addEventListener('click', logout);

// ページ読み込み時
```

```
document.addEventListener('DOMContentLoaded', () => {
  const auth = getAuth();
  // ログイン状態が変化したときの処理
  onAuthStateChanged(auth, (user) => {
    if (!user) {
      window.location.href = 'login.html';
      return;
    }

    // プロバイダから取得したメールアドレスをフォームの初期値として設定
    const { email } = user;
    const emailForm = document.forms.emailForm.elements.email;
    emailForm.value = email;
  });
});
```

このうち、まずは以下に示すイベントリスナーから見ていきましょう。

```
// ページ読み込み時
document.addEventListener('DOMContentLoaded', () => {
  const auth = getAuth();
  // ログイン状態が変化したときの処理
  onAuthStateChanged(auth, (user) => {
    if (!user) {
      window.location.href = 'login.html';
      return;
    }

    // プロバイダから取得したメールアドレスをフォームの初期値として設定
    const { email } = user;
    const emailForm = document.forms.emailForm.elements.email;
    emailForm.value = email;
  });
});
```

DOMContentLoadedというイベントは、最初のHTML文書の読み込みと解析が完了したときに、スタイルシート、画像、サブフレームの読み込みが完了するのを待たずに発生するイベントであり、第2引数には関数が指定されています。この関数はDOMContentLoadedイベントが発生したときに呼び出されるコールバック関数です。

それでは、このコールバック関数の中を見てみましょう。getAuth()でauthインスタンスを生成したあと、Firebase Auth APIのonAuthStateChanged()が呼び出されています。ここでも引数に関数を指定しており、ユーザーのログイン状態が変更されるたびに実行されます。onAuthStateChanged()はログアウト状態からログイン状態に切り替わったタイミングでユーザーの属性情報をコールバック関数に渡して実行します。ログイン状態からログアウト状態に

切り替わった場合はコールバック関数にnullが渡されます。なお、「onAuthStateChanged()の
コールバック関数にログイン状態、ログアウト状態のそれぞれの処理を書く」というのは、こ
のあともたびたび出てくるので覚えておいてください。

　userがnullの場合、すなわち、ログアウト状態の場合はlogin.htmlにリダイレクトしていま
す。ログイン状態の場合はユーザーの情報からメールアドレスを抽出し、メールアドレス登録
フォームの初期値として設定しています。

　次に、12行目から始まるregisterEmailについて見てみましょう。この関数はフォームの送
信ボタンにひも付いています。

　そのうち以下の部分は、送信するメールに関する設定です。auth.languageCodeで、確認
メールの言語を設定します。なお、明示的に言語を設定しない場合は英語になります。また、
actionCodeSettingsでは所持確認メールで送信するURLを設定しています。以下の場合、ロ
グイン画面を指定しているので、確認後はログイン画面が表示されます。

```
auth.languageCode = 'ja';

const actionCodeSettings = {
  url: `https://${location.host}/login.html`,
};
```

　メールアドレス登録の実装上のポイントは、登録するメールアドレスがIdPから取得したも
のと同じかどうかによって確認メール送信のFirebase Auth APIを使い分けることです。同じ
場合は所持確認のAPIを利用し、異なる場合はメールアドレス更新のAPIを利用します。

　また、登録しようとするメールアドレスが、既存ユーザーと重複している場合もポイントです。
この処理は混み入っているので、後ほど4.5.5項で詳しく解説します

　次に、ログアウトボタンの処理が記述されているlogout.jsを見ていきましょう。ここでは
ログアウトボタンにひも付く関数logoutが定義されています。処理はごくシンプルなものであ
り、Firebase Auth APIのauth.signOut()を呼び出しているだけです。

リスト4.10　logout.js

```
import { getAuth } from 'firebase/auth';

const logout = () => {
  const auth = getAuth();
  auth.signOut();
};

export default logout;
```

　なお、このボタンとのひも付けは、register-email.js（リスト4.9）中の以下の箇所で行われています。

```
document.getElementById('logout').addEventListener('click', logout);
```

■ マイページ

　本登録が完了した場合、すなわちメールの確認が行われた場合、マイページに遷移します。このように、サンプルアプリではこのマイページを利用できることをもって「全機能を利用できる状態」、すなわち本登録状態になります。

　マイページではIdPから取得したディスプレイネームと、登録したメールアドレスを表示します。また、ログアウトボタンからログアウトすることができます。mypage.html（リスト4.11）がマイページのHTMLファイルです。

リスト4.11　mypage.html

```
<!DOCTYPE html>
<html>

<head>
  <meta charset="utf-8" />
  <meta name="viewport" content="width=device-width, initial-scale=1.0" />
  <title>Social Sign In Example</title>

  <link rel="stylesheet" href="style.css" />
</head>

<body>
  <div class="content">
    <div class="title flex-justify-between">
      <h1 id="top-message"></h1>
      <button class="btn btn-logout" id="logout"> ログアウト </button>
    </div>
    <h2> メールアドレス </h2>
    <div class="currentEmail">
      <span> 現在のメールアドレス </span>
      <span id="currentEmail"></span>
    </div>
  </div>
  <!-- js の読み込み -->
  <script src="mypage.bundle.js"></script>
</body>

</html>
```

続いて、エントリーポイントであるmypage.jsを見てみましょう（リスト4.12）。

リスト4.12　mypage.js

```
import {
  getAuth,
  isSignInWithEmailLink,
  onAuthStateChanged,
} from 'firebase/auth';

import logout from './logout';
import { initializeApp } from 'firebase/app';
import firebaseConfig from './firebase-config';

initializeApp(firebaseConfig);

// ログアウトボタン
document.getElementById('logout').addEventListener('click', logout);

// ページ読み込み時
document.addEventListener('DOMContentLoaded', async () => {
  const auth = getAuth();

  // ログイン状態が変化したときの処理
  onAuthStateChanged(auth, (user) => {
    if (!user) {
      window.location.href = 'login.html';
      return;
    }

    if (!user.emailVerified) {
      window.location.href = 'register-email.html';
      return;
    }

    const { email, displayName } = user;

    // トップメッセージの表示
    document.getElementById(
      'top-message'
    ).textContent = `${displayName} さんでログイン中です`;

    // メールアドレスの表示
    document.getElementById('currentEmail').textContent = email;
  });
});
```

onAuthStateChangedのコールバック関数の中にログイン状態、ログアウト状態の処理が書かれています。userがnullの場合、すなわちログアウト状態になったらログインページに遷移さ

せているところはメールアドレス登録画面と同じです。

　ログイン状態の場合、まず、emailVerifiedの値をチェックし、falseの場合はregister-email.htmlに遷移させます。

```
if (!user.emailVerified) {
  window.location.href = 'register-email.html';
  return;
}
```

　ログイン状態かつメールアドレスが確認済みの場合は、ユーザーの属性情報のメールアドレスとディスプレイネームを抽出して表示しています。

```
const { email, displayName } = user;
  // トップメッセージの表示
  document.getElementById(
    'top-message'
  ).textContent = `${displayName} さんでログイン中です `;
  // メールアドレスの表示
  document.getElementById('currentEmail').textContent = email;
});
```

　ログアウト機能はメールアドレス登録画面のものと同じです。

4.5　設計／実装のポイント

　ここでは、新規登録・ログインに関連した設計および実装のポイントについて解説します。メール確認におけるFirebase Authのルールや、同じメールアドレスを持つ既存ユーザーがいる場合の新規登録のルールが主なポイントです。

4.5.1　ソーシャルログインによる新規登録の簡略化

　登録手続きが面倒であればあるほど離脱率が上がるので、IdPから取得したユーザーの属性情報によって、登録手続きを簡略化できることがソーシャルログインのメリットの1つだといえます。

　よく行われるのは、IdPから取得した属性情報を登録フォームの初期値として設定する方法です。こうすることで、ユーザーに選択肢を与えつつ、簡略化にもつながるので、バランスの取れたやり方だといえます。

　一方、離脱率低減を最優先にするために、IdPから取得した属性情報をそのまま使って登録完了にする、という手もあり得ます。この場合でも、後ほどユーザーが変更できるようにして

おけばユーザーが困ることはないので、アプリとして登録時に必要な情報がIdPからすべて取得できる場合は、この方法を採用してもよいでしょう。

4.5.2　ログインボタンと新規登録ボタンの統合

サンプルアプリでは図4.32のようにログインと新規登録が1つの同じボタンになっていますが、ログインボタンと新規登録ボタンを分けたいと考える人もいるでしょう。

図4.32　ログインと新規登録が同じボタンになっている

分けたい動機としては以下の3つが考えられます。

- 新規登録の場合にユーザーの属性情報を入力させたい
- 新規登録の場合にチュートリアルを提示したい
- ユーザーの属性情報の扱いに関するプライバシーポリシーや利用規約の許諾を得たい

しかし、仮にログインと新規登録を分けたとすると、「未登録者が間違えてログインボタンを押す」などのケースについて考慮する必要性が生じます。例えばそのケースでは、未登録である旨を表示して、登録画面に促すことになりますが、そこでの離脱率を考えると、最初から新規登録とログインを同じにする、という考え方にも合理性があると考え、サンプルアプリでは同一ボタンにしました。

なお、先ほど「分けたい動機」として挙げた3つの処理は、ボタンを統一しても実装可能です。IdPでの認証が終わったあと、取得できるオブジェクトの中に、新規ユーザーを示すフラグが含まれているからです。login.js（リスト4.7）で利用しているsignInWithPopup()の結果がそれにあたります。

```
const result = await signInWithPopup(auth, provider);
```

result.additionalUserInfo.isNewUserがtrueの場合は新規ユーザーであり、必要に応じて上記のような新規登録者向けのプロセスを入れることが可能となります。

　新規登録ボタンとログインボタンを分けざるを得ないのは、IdPでの認証の前にプライバシーポリシーや利用規約にチェックを入れさせたい場合です。IdPでの認証前には、アプリ側では新規ユーザーか、既存ユーザーかを見分ける術がありません。このような場合は、新規登録ボタンとログインボタンを分けざるを得ないでしょう。

4.5.3　登録時のメールアドレス確認フラグのルール

　4.4.2項で、新規登録時にIdPから取得できるメールアドレスの確認フラグをチェックし、その結果により処理を分ける、という解説を行いました。

　サンプルアプリでは、メールアドレスが確認済みではない場合は、仮登録画面に遷移してメールの登録を促します。そして、メールの確認が済むまでは機能の利用を制限します。

　具体的には、login.js（リスト4.7）の関数redirectToMyPageWhenLoginSuccess()の以下の部分でその処理が行われています。

```
const result = await signInWithPopup(auth, provider);
    // メールが確認されていない場合はメールアドレス登録画面に遷移する
    if (!result.user.emailVerified) {
      window.location.href = 'register-email.html';
      return;
    }
    window.location.href = '/';
```

　Firebase Auth APIのsignInWithPopup()を呼び出すと、IdPの認証画面をポップアップで表示します。IdPでの認証に成功するとユーザーの属性情報が返されます。先に述べたように、emailVerifiedがメールの確認フラグになります。

　しかし、Firebase Authの独自のルールがあるため、emailVerifiedの値はIdP側でのメール確認結果とは必ずしも一致しません。今回の場合、GitHubユーザーで登録した場合は必ずfalseになり、Googleユーザーでは必ずtrueになります。

　ここで、このemailVerifiedの値に関するFirebase Authの独自のルールについて解説します。Firebase AuthではIdPを「信頼できるIdP」と「信頼できないIdP」に分けています。IdPから渡されるメールアドレスのドメインがIdPの所有するドメインである場合、「信頼できるIdP」になります。

　以下に挙げるIdPが「信頼できるIdP」とされています。

- Google（@gmail.com のアドレス）
- Yahoo!（@yahoo.com のアドレス）
- Microsoft（@outlook.com と @hotmail.com のアドレス）

　　また、Appleも信頼できるIdPに入ります。

> **📋 note**
>
> Firebase Authのドキュメントでは、Appleが「信頼できるIdP」である理由として「アカウントは常に検証され、多要素認証されるため、常に確認済み」と記載されていますが、それが具体的にどういうことなのかは不明です。

　　一方、以下のIdPは「信頼できないIdP」とされています。メール変更時に未確認状態が存在するからです。

- Facebook
- Twitter
- GitHub

　　また、GoogleやYahoo!、Microsoftであっても、メールアドレスがIdPとは異なるドメインである場合は信頼できないIdPとして扱われます。

　　信頼できるIdPによってメール確認済みの場合は、emailVerifiedはtrueに、信頼できないIdPの場合はたとえIdP側でメール確認していてもfalseになります。したがって、Googleユーザーを用いてFirebase Authで新規ユーザーを作成した場合はemailVerifiedは常にtrueとなってマイページに遷移しますが、GitHubユーザーの場合はemailVerifiedは常にfalseになり、メールアドレス登録画面に遷移します。

　　なお、「信頼できないIdP」であっても、Firebase Auth APIを用いてメール確認を行ったあとは、ログイン時のemailVerifiedの値はtrueになります。

　　この「信頼できるIdP」「信頼できないIdP」の概念は、登録時にIdPから取得したメールアドレスが、既存ユーザーのメールアドレスと一致した場合の挙動にも影響を与えます。次項ではその点について解説します。

4.5.4　既存ユーザーとメールアドレスが重複した場合

　　Firebase Authにおいて、デフォルトでは登録ユーザー間でメールアドレスを重複させることはできません。Firebaseコンソールで設定変更すれば重複を可能にできますが、それは行うべきではありません。なぜなら、ソーシャルログインが使えなくなった場合の代替のログイン手段としてメールリンクログインを利用するからです。メールアドレスが複数のユーザーで重複してしまうと、メールアドレスを認証の手段としては使えなくなってしまいます。

　　登録時に既存ユーザーとメールアドレスが一致した場合、対応策としては一般的に次の3つ

があります。

A. 既存ユーザーと新規登録の IdP を連携させた上で、ログイン処理を行う
B. 既存ユーザーとメールアドレスが重複している旨を伝えて、既存のユーザーでのログインを促す
C. 既存ユーザーとメールアドレスが重複している旨を伝えて、別のメールアドレスの登録を促す

　ここで、先ほど説明した「信頼できるIdP」「信頼できないIdP」の概念が関係してきます。Firebase Authでは、「既存のユーザー」と「新規登録しようとしているユーザー」のそれぞれのIdPの信頼の有無によって、メールアドレスが重複している場合の挙動が変わります。

　ここでは、Google（信頼できるIdP）、GitHub（信頼できないIdP）の2つを例に説明します。既存ユーザーがGoogleと連携している場合は、常に本登録状態になります。一方、既存ユーザーがGitHubと連携している場合、仮登録状態（メール未確認）と本登録状態（メール確認済み）の2つの状態があり得ます。

　挙動のパターンをまとめたものを表4.2に示します。

表4.2　登録時の挙動

No	既存ユーザー	登録しようとしているユーザー	Firabase Auth の挙動
1	GitHub（仮登録）	Google	Googleとの連携ユーザーとして上書き
2	GitHub（本登録）	Google	既存ユーザーがGitHub、Googleの両方と連携
3	Google	GitHub	既存ユーザーと重複している旨を示すエラーが発生

　まず、1つ目のケースを考えます。このケースにおける既存ユーザーはGitHubと連携してしており、まだ、Firebase Auth上でメールの確認が行われていない状態、すなわち、仮登録状態のユーザーです。Firebase Auth上では図4.33のように、連携するIdPのアイコンとしてGitHubが表示されています。

ID	プロバイダ	作成日 ↓	ログイン日	ユーザー UID
	○	2022/09/03	2022/09/03	ooVLlqsiu9OH2yLHUvKPFqTM4F12

図4.33　1つ目のケース

　この状態において、同じメールアドレスを持つユーザーがGoogle IdPで新規登録を行った場合、既存ユーザーの連携IdPがGitHubからGoogleに上書きされたうえで、既存ユーザーとしてログインした状態になります。Firebase Auth上では図4.34のように「プロバイダ」に表示されるアイコンがGitHubからGoogleに切り替わります。

図4.34 連携IdPが置き換えられた

2つ目のケースは、既存ユーザーはGitHubと連携してしており、Firebase Auth上でメールの確認が完了している状態、すなわち、本登録状態のユーザーです。この場合、Firebase Auth上では図4.35のように表示されます。この表示ではメール確認の有無は表現されていないので、ケース1と同じように見えます。

図4.35 2つ目のケース

この状態でGoogle IdPで新規登録すると、既存のユーザーがGitHub、Googleの両方と連携している状態になります。Firebase Auth上では図4.36の状態になります。

図4.36 GitHub、Googleの両方と連携しているユーザー

3つ目のケースは既存ユーザーはGoogleと連携している本登録状態のユーザーで、GitHubで新規登録が行われた場合です。このときは、既存ユーザーと重複している旨のエラーが発生します（エラーコードはauth/account-exists-with-different-credential）。

サンプルアプリではlogin.js（リスト4.7）中の以下の処理になります。

```
if (error.code === 'auth/account-exists-with-different-credential') {
  alert(
    `${emailToBeRegistered} は他の SNS と連携した既存ユーザーが登録済みです。既存ユーザー
ログイン後、こちらの SNS との連携が可能です。`
  );
  return;
}
```

この場合、「登録しようとしているユーザーはすでにGoogleと連携して登録済み」と考えられます。そしてユーザーがやりたいことは「Google IdPでログインできる既存ユーザーに

GitHub IdPでもログインしたい」という可能性が高いので、マイページからGitHub IdPと連携できる旨を伝えています。Google GitHubの両方と連携すれば、次回からはGoogle、GitHubのどちらでもログインが可能です。

> **note**
> 複数のSNSとの連携機能は第5章で実装します。

4.5.5　仮登録状態でのメールアドレス登録

GitHubで登録する場合は、メールアドレス登録画面（register-email.html、リスト4.8）にてメールアドレスの確認を行います。

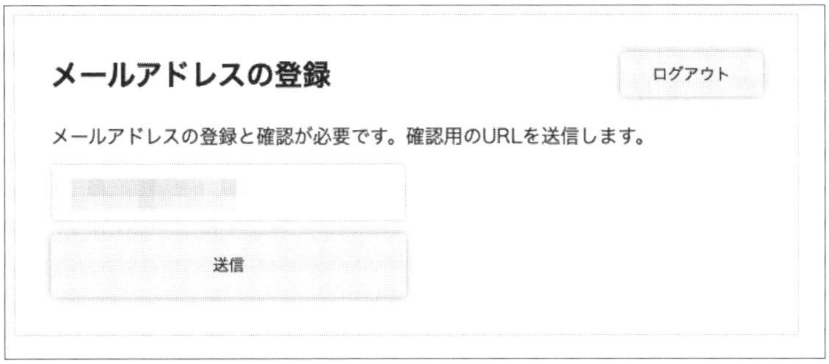

図4.37　メールアドレスの登録画面

GitHub IdPから渡されるメールアドレスを、フォームの初期値としてセットします。なお、この時点でFirebase Authにはこのメールアドレスでユーザーが作成されているため、このメールアドレスの確認をする場合はFirebase Auth APIのメール確認APIであるsendEmailVerification()を利用します。register-email.js（リスト4.9）中の以下の処理が対応します。

```
// プロバイダから取得したメールアドレスを登録する場合
try {
  await sendEmailVerification(user);
  alert(`${emailToBeRegistered}に確認メールを送りました`);
  emailForm.value = '';
} catch (error) {
  alert(`メールの送信に失敗しました。\n${error.message}`);
}
```

次に入力時に別のメールアドレスを入力する場合を考えます。Firebase Auth上にはIdP

から渡されたメールアドレスでユーザーが作成されているため、この場合は、Firebase Authから見た場合、メールの更新にあたります。したがって、メール更新APIである verifyBeforeUpdateEmail()を利用します。register-email.js（リスト4.9）中の以下の内容が その処理です。

```
// プロバイダから取得したメールアドレスとは別のものを登録する場合
if (user.email !== emailToBeRegistered) {
  try {
    await user.verifyBeforeUpdateEmail(
      emailToBeRegistered,
      actionCodeSettings
    );
    alert(`${emailToBeRegistered} に確認メールを送りました `);
    emailForm.value = '';
```

verifyBeforeUpdateEmeil()はメールアドレスの更新のためのAPIです。第1引数には 登録するメールアドレス、第2引数にはactionCodeSettingsオブジェクトを指定します。 actionCodeSettingsにはメール本文に含まれる確認用リンクのベースとなるURLを設定しま す。

```
const actionCodeSettings = {
    url: `https://${location.host}/login.html`,
  };
```

別のメールアドレスを入力した場合、先に説明した「既存ユーザーと重複している場合」も 考慮しなければなりません。ここで重複するのは表4.1のケース3にあたるため、対処としては、 メールアドレスが登録済みであることを伝えたうえで、既存ユーザーとしてログインすること を促す確認ダイアログを表示します。

同意した場合は、その時点でユーザーを削除してログイン画面に遷移します。register-email.js（リスト4.9）中の以下の部分がその処理になります。

```
if (error.code === 'auth/email-already-in-use') {
  const result = confirm(
    `${emailToBeRegistered} は他の SNS アカウントによるログインで登録済みです。マイペ↩
ージにてこちらの SNS アカウントとの連携が可能です。別の SNS アカウントでログインしなおしますか？ `
  );
  // 既存ユーザーでログインし直す場合
  if (result) {
    // SNS の認証に成功している時点でユーザーが作られており、このままでは既存ユーザー↩
に連携できなくなるので、ここで削除
    await user.delete();
```

```
        window.location.href = 'login.html';
        return;
    }
    // No の場合、フォームを初期化して終了
    emailForm.value = '';
    return;
}
```

　ここで、ユーザーを削除する理由を説明します。GitHubで登録しようとして認証が終わった時点で、Firebase Auth上にはGoogleと連携した既存ユーザーとは別にGitHubと連携したユーザーが作成されています。この状態から、いったんログイン画面に戻り、Googleユーザーでログインしたあと、マイページでGitHubユーザーと連携しようとすると[3]エラーが発生します。そのGitHubユーザーはすでにFirebase Auth上に存在するからです。

　このような事態を避けるために、ログイン画面に戻るタイミングで、作成されたGitHubユーザーを削除します。

　一連の場合分けを図4.38に示します。

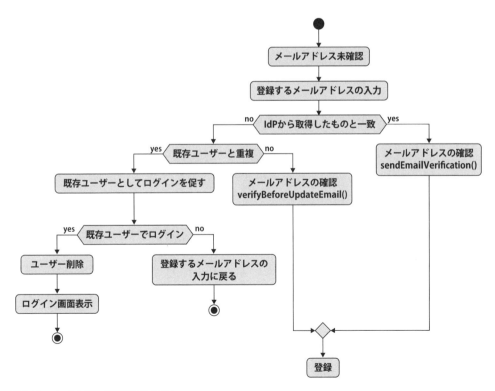

図4.38　メールアドレス登録の場合分け

📋 note

IdPから渡されるメールアドレスが既存ユーザーと一致する場合はログイン画面で処理しているので、ここには表現されていません。

4.5.6　SNSに未登録の場合

　ソーシャルログインは、ユーザーが事前にSNSを利用していることが前提です。しかし、もしSNSを利用していない人がアプリに登録したい場合には、どういう手段があるのでしょうか。

　これについては対応するSNSの登録画面に導くぐらいしか方法がありません。したがって、アプリに親和性の高いSNSを選択する、いくつかのSNSのIdPの選択肢を用意する、といったことが重要です。ただ、あまりに多いと逆に「どのSNSユーザーで登録したか思い出せない」問題が発生するので、多ければいいというわけでもありません。

Column　IdPでユーザーが利用する認証方式

　ソーシャルログインのメリットの1つは、IdPで採用される セキュアな認証方式を実質的に自分のアプリに取り込めることです。しかし、ユーザーがセキュアな認証方式を有効にしていなければ意味がありません。

　では、アプリのユーザーにIdPのセキュアな認証方式を強制することは可能でしょうか?

　OpenID Connectの仕様には認証コンテキストのクレーム ("acr") や認証方式のクレーム ("amr") などが定義されています。IdPがこれらのクレームに対応している場合、アプリから要求することで、これらの情報を取得できます。

　例えば、2要素認証を強制したい場合、IdPから取得したIDトークンのこれらのクレームを確認し、2要素認証でなかった場合は、新規登録 ・ ログインを拒否したうえで、「IdP側で2要素認証を有効にしてください。」といった案内を提示する、という手段が理論的には可能です。しかし、acrやamrクレームに対応しているIdPは極めて少ないというのが現状です。

リカバリー

　リカバリーの機能はID管理の機能において「登録情報変更機能」にあたりますが、特に重要なテーマであるため、1つの章を割いて説明します。サンプルアプリではリカバリーの機能としてメールリンクログインと複数のIdPとの連携機能を実装します。複数のIdPと連携できるようにすることで、リカバリー時に「登録時とは別のIdP」とのID連携を可能にします。

　複数のIdPとの連携機能は、本登録状態における登録情報変更機能にあたります。

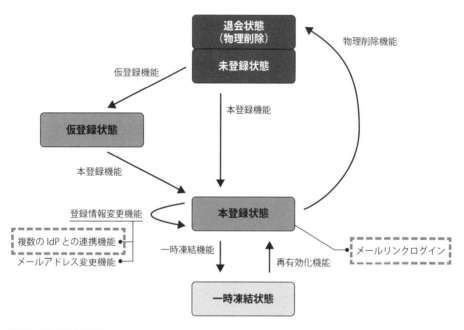

図5.1　ライフサイクル

5.1 リカバリーとは

5.1.1 サンプルアプリにおけるリカバリー

　第3章にて、リカバリーとは「何らかの理由でログインできない状態を正常な状態に戻すプロセス」であり、「ログインとは別の認証＋ログインで利用する認証情報の変更」だと述べました。

　繰り返しになりますが、パスワード認証のリカバリーに必要な機能を図5.2に再掲します。

リカバリーに必要な機能

ログインでの認証	別の認証	認証情報の変更
パスワード	メール認証	パスワードの更新

図5.2　パスワード認証のリカバリー

　パスワードを忘れた場合、登録済みのメールアドレスにパスワード再設定画面のリンクを送信し、これをクリックしたことをもってユーザーを認証します。その後、パスワード再設定画面にて、新しいパスワードを設定します。

　少し細かい話になりますが、リカバリーに必要なのは「別の認証」であり「別のログイン」ではないことにご注意ください。そもそも、ログインとユーザー認証の関係を整理しておくと、ログインとは「ユーザー認証＋セッションの発行」といえます。つまり、リカバリーにおいてはユーザーがメールのリンクをクリックしたときに認証するだけでよく、セッションを発行する必要はありません。パスワードを変更したら、再度、ログイン画面からパスワード認証を行ったタイミングでセッションを発行すればよいのです。

　先述のとおり、ソーシャルログインにはベストプラクティスといえるリカバリー方法が確立されていません。そこでサンプルアプリでは「別の認証」としてメール認証、「ログインで利用する認証情報の変更」としては「(登録時とは) 別のIdPとの連携」を採用しています。図5.3にその関係を示します。

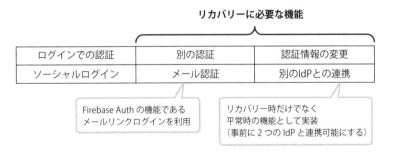

図5.3　サンプルアプリのリカバリー

　「別の認証の部分ではログインさせる必要はない」と述べましたが、サンプルアプリではメールリンクログインを採用しています。実装を簡易にするためにFirebase Authのメールリンクログイン機能をそのまま利用するためです。また、別のIdPとの連携機能はリカバリー時だけでなく平常時にもできるようにしました。

事前に複数のIdPと連携しておくことで、ソーシャルログインできない状態を防げます。これらの詳細は後ほど、画面を見ながら説明します。

5.1.2　サンプルアプリのリカバリーの流れ

図5.4にサンプルアプリでのリカバリーの流れを示します。ここではユーザーはGitHub IdPと連携済み、という想定です。

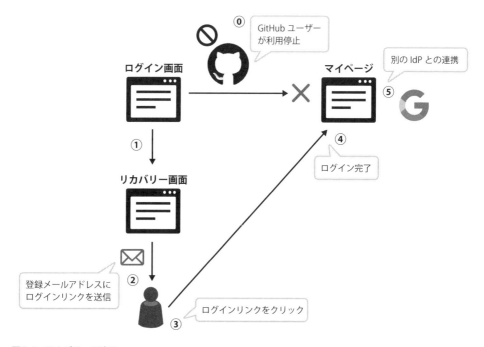

図5.4　リカバリーの流れ

⓪　GitHub ユーザーが利用停止になりアプリにログインできなくなった

①　ログイン画面からリカバリー画面に移る

②　リカバリー画面で登録済みのメールアドレスを入力してログインリンクを送信する

③　メールアドレスに含まれるログインリンクをクリック

④　ログイン完了

⑤　Google IdP と連携する

これで、今後はGoogle IdPでのログインが可能となったので、リカバリー完了です。

5.2 開発の準備

　本章では、第4章で作成したサンプルアプリにリカバリーの機能としてメールリンクログインと複数のIdPとのID連携機能を追加します。開発環境は第4章と同じものを使うので、作業はchap456配下で行います。事前準備としてFirebaseコンソールの設定とwebpackの設定を行います。

5.2.1 Firebase コンソールでの設定

　Firebaseコンソールにて**メールリンクログイン**を有効にします。図5.5に示すFirebaseコンソールのAuthentication画面で［Sign-in method］のタブを開き、［新しいプロバイダを追加］ボタンをクリックします。

図5.5　メールリンク設定画面①

　図5.6に示すダイアログが表示されるので、［メール/パス...］ボタンをクリックします。

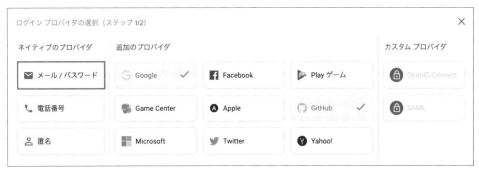

図5.6　メールリンク設定画面②

　図5.7に示すダイアログが表示されるので「メール/パスワード」と、「メールリンク（パスワードなしでログイン）」の横にあるスイッチを有効にして、[保存] ボタンを押します。

図5.7　メールリンク設定画面③

5.2.2　webpack への設定追加

　本章ではリカバリーのページを追加し、エントリーポイントとしてrecovery.jsを新規に作成します。リスト5.1のようにwebpack.config.jsにrecovery.jsを追加してください。

リスト5.1　webpack.config.js

```
entry: {
  login: './src/js/login.js',
  mypage: './src/js/mypage.js',
  'register-email': './src/js/register-email.js',
  recovery: './src/js/recovery.js',
},
```

5.3　サンプルアプリの作成

　ここからは、サンプルアプリにメールリンクログインと複数のIdPとのID連携機能を追加します。

5.3.1　画面

　リカバリーのために修正、追加するのは表5.1に示す画面です。

表5.1　本章で修正、追加する画面と機能

画面	新規or既存	パス	追加機能
ログイン画面	既存ページ	/login.html	・リカバリー画面へのリンク
リカバリー画面	新規ページ	/recovery.html	・ログインリンクメールの送信機能
マイページ	既存ページ	/	・メールリンクログインのログイン時処理 ・複数のIdPとのID連携機能

■ ログイン画面

　「ソーシャルログインできない場合」という文言で、リカバリー画面へのリンクを追加します（図5.8）。

図5.8　ログイン画面

■ リカバリー画面

　ログインリンクのメールを送信するための画面です（図5.9）。ここには、メールアドレス入力用のフォームと［送信］ボタンがあります。また、［ログインページに戻る］リンクもあります。

> 登録しているメールアドレスにログイン用のURLを送信します。
>
> 登録しているメールアドレス
>
> [   ]
>
> [送信   ]
>
> ログインページに戻る

図5.9 リカバリー画面

■ マイページ

Google、GitHubとの連携状態を表示します（図5.10）。連携済みの場合はディスプレイネームを表示し、未連携の場合は［連携］ボタンを表示します。

図5.10 マイページ①

2つのIdPと連携している場合は、連携を解除するための［解除］ボタンを表示します（図5.11）。なお、1つのIdPとだけしか連携していない場合は、[解除]ボタンは表示しません。これは少なくとも1つのIdPとの連携状態を保つためです。

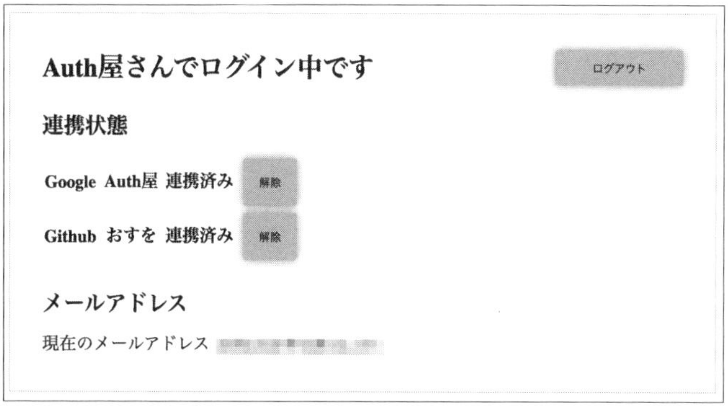

図5.11　マイページ②

5.3.2　機能の実装①：ログイン画面

　第4章で作成したlogin.htmlにリカバリー画面へのリンクを追加します（リスト5.2）。場所は［GitHubでログイン/新規登録］ボタンの下です。

リスト5.2　login.html

```
(省略)
    <div>
      <button class="btn btn-github-login" id="githubLogin">
        GitHub でログイン / 新規登録
      </button>
    </div>
    <div class="link">
      <a href="recovery.html">ソーシャルログインできない場合 </a>
    </div>
  </div>
  <script src="login.bundle.js"></script>
</body>

</html>
```

5.3.3　機能の実装②：リカバリー画面

　新規追加するリカバリー画面のHTMLをリスト5.3に示します。

リスト5.3　recovery.html

```
<!DOCTYPE html>
<html>
```

```html
<head>
  <meta charset="utf-8" />
  <meta name="viewport" content="width=device-width, initial-scale=1.0" />
  <title>Social login</title>

  <link rel="stylesheet" href="style.css" />
</head>

<body>
  <div class="content">
    <div class="title">
      <h1> リカバリー </h1>
    </div>

    <p> 登録しているメールアドレスにログイン用の URL を送信します。</p>
    <div>
      <form name="emailForm" id="emailForm">
        <label for="email"> 登録しているメールアドレス </label>
        <input class="form-control" id="email" name="email" type="email">
        <button class="btn" type="submit"> 送信 </button>
      </form>
    </div>
    <div class="link">
      <a href="login.html"> ログインページに戻る </a>
    </div>
  </div>
  <!-- js の読み込み -->
  <script src="recovery.bundle.js"></script>
</body>

</html>
```

　メールアドレス入力フォームと、［送信］ボタンの処理の実体はrecovery.js（リスト5.4）に記述します。

リスト5.4　recovery.js

```js
import {
  getAuth,
  onAuthStateChanged,
  fetchSignInMethodsForEmail,
  sendSignInLinkToEmail,
} from 'firebase/auth';
import { initializeApp } from 'firebase/app';
import firebaseConfig from './firebase-config';

initializeApp(firebaseConfig);
```

```javascript
const sendLoginLink = async (event) => {
  event.preventDefault();
  const emailForm = document.forms.emailForm.elements.email;
  const email = emailForm.value;

  const actionCodeSettings = {
    url: `https://${location.host}`,
    handleCodeInApp: true, // ログインURL送信の場合はtrue
  };

  const auth = getAuth();
  auth.languageCode = 'ja';

  try {
    const signInMethods = await fetchSignInMethodsForEmail(auth, email);

    // 未登録の場合
    if (signInMethods.length === 0) {
      emailForm.value = '';
      alert(
        `${email} が登録済みである場合、ログイン用の URL が送られています。`
      );
      return;
    }

    await sendSignInLinkToEmail(auth, email, actionCodeSettings);
    emailForm.value = '';
    alert(
      `${email} が登録済みである場合、ログイン用の URL が送られています。`
    );
    return;
  } catch (error) {
    alert(`${email} へのログイン用 URL の送信に失敗しました。\n${error.message}`);
  }
};

// ログインリンクメールの送信ボタン
document.getElementById('emailForm').addEventListener('submit', sendLoginLink);

// ページ読み込み時
document.addEventListener('DOMContentLoaded', () => {
  const auth = getAuth();
  // ログイン状態が変化したときの処理
  onAuthStateChanged(auth, (user) => {
    if (!user) {
      return;
    }
    window.location.href = '/';
  });
});
```

5

リカバリー

このプログラムは、大きく2つのパートに分かれています。ログインリンクのメールを送信する関数sendLoginLink()のパートとページ読み込み時のパートです。

まずは、よりシンプルな、ページ読み込み時の処理から見ていきましょう。次に示すように、第4章でも紹介したFirebase Auth APIのonAuthStateChanged()のコールバック関数内でログイン状態が切り替わったときの処理を記載しています。ログイン状態のときはマイページ（/）に遷移し、ログアウト状態のときは何の処理も行いません。

```
// ページ読み込み時
document.addEventListener('DOMContentLoaded', () => {
  const auth = getAuth();
  // ログイン状態が変化したときの処理
  onAuthStateChanged(auth, (user) => {
    if (!user) {
      return;
    }
    window.location.href = '/';
  });
});
```

続いて、ログインリンクのメールを送信する箇所です。ここでは、次に示すfetchSignInMethodsForEmail()が1つのポイントとなります。

```
const signInMethods = await fetchSignInMethodsForEmail(auth, email);
```

fetchSignInMethodsForEmail()はFirebase AuthのAPIであり、引数としてauthインスタンスとメールアドレスを設定して実行すると、メールアドレスにひも付くユーザーの連携済みIdPの識別子の配列を返します。例えば、GitHub IdPと連携している場合は["github.com"]という配列が返ってきます。

続けて以下の部分で、この配列を利用してメールアドレスが登録済みかどうかを確認しています。

```
    // 未登録の場合
    if (signInMethods.length === 0) {
      emailForm.value = '';
      alert(
        `${email} が登録済みである場合、ログイン用の URL が送られています。`
      );
      return;
    }
```

連携済みIdPの配列の長さが0である場合、未登録を意味するので、フォームをクリアしてメッセージを表示します。メッセージの内容については後述します。

一方、メールアドレスが登録済みであった場合は、Firebase Auth APIのsendSignInLinkToEmail()を使ってログインリンクメールを送信します。

```
await sendSignInLinkToEmail(auth, email, actionCodeSettings);
```

actionCodeSettingsでログインリンクのベースとなるURLを指定します。

```
const actionCodeSettings = {
  url: `https://${location.host}`,
  handleCodeInApp: true, // ログインURL送信の場合はtrue
};
```

> 📄 **note**
>
> ここではhandleCodeInAppをtrueとして設定しています。
> 公式のドキュメントによると、trueにした場合、モバイルアプリを優先的に開くという説明がなされていました。
>
> - https://firebase.google.com/docs/auth/admin/email-action-links
>
> 今回のアプリはウェブアプリなので当初はfalseにしていたのですが、なぜかログインできなかったため、trueにしています。

その後、メール入力フォームをクリアして、送信した旨のメッセージを出します。

```
emailForm.value = '';
alert(
  `${email} が登録済みである場合、ログイン用の URL が送られています。`
);
```

このときに表示するメッセージは、未登録の場合と同じにしてあります（理由は後述）。

5.3.4　機能の実装③：マイページ

マイページにIdP連携状態を表示します（リスト5.5）。場所はログアウトボタンと、メールアドレスの表示の間です。

リスト5.5　mypage.html

```
（省略）

    <div class="title flex-justify-between">
      <h1 id="top-message"></h1>
      <button class="btn btn-logout" id="logout"> ログアウト </button>
    </div>
    <h2> 連携状態 </h2>
    <div>
      <table>
        <tr>
          <th>Google</th>
          <th id="googleDisplayName"></th>
          <th id="googleLinkState"></th>
          <th><button class="btn btn-table" id="googleLinkButton"></button></th>
        </tr>
        <tr>
          <th>GitHub</th>
          <th id="githubDisplayName"></th>
          <th id="githubLinkState"></th>
          <th><button class="btn btn-table" id="githubLinkButton"></button></th>
        </tr>
      </table>
    </div>
    <h2> メールアドレス </h2>
    <div class="currentEmail">
      <span> 現在のメールアドレス </span>
      <span id="currentEmail"></span>
    </div>

（省略）
```

マイページでは、第4章で作成したものに以下の2つの処理を追加します。

- メールリンクログインのログイン時処理
- 複数のIdPとの連携機能

マイページのエントリーポイントであるmypage.jsはリスト5.6のようになります。今回追記した箇所を中心に記載しており、第4章と同じところは省略しています。

リスト5.6　mypage.js

```
import {
  getAuth,
  isSignInWithEmailLink,
```

```
  onAuthStateChanged,
} from 'firebase/auth';

import showLinkState from './link-state';
import handleEmailSignIn from './email-signin';

〜省略〜

// ページ読み込み時
document.addEventListener('DOMContentLoaded', async () => {
  const auth = getAuth();
  if (isSignInWithEmailLink(auth, window.location.href)) {
    await handleEmailSignIn();
  }

  // ログイン状態が変化したときの処理
  onAuthStateChanged(auth, (user) => {

〜省略〜

    // IdP 連携状態の表示
    showLinkState(user);
  });
});
```

　最初に、Firebase Auth APIの isSignInWithEmailLink()、および IdP連携状態を表示する showLinkState()、メールリンクログイン時の処理である handleEmailSignIn()を読み込んでいます。これらの詳細は後述します。

■ メールリンクログインのログイン時処理

　リカバリー画面で送信したメールのリンクからログインする場合の処理をマイページに追加します。

　まずは、mypage.jsの以下の箇所を見てください。Firebase Auth APIの isSignInWithEmailLink()を呼び出しています。このAPIはURLからメールリンクログインであることを検知し、メールログインの場合は trueを返します。

```
  if (isSignInWithEmailLink(auth, window.location.href)) {
    await handleEmailSignIn();
  }
```

　メールリンクによるログインの処理は handleEmailSignIn()にあります（リスト5.7）。

リスト5.7 email-signin.js

```
import { getAuth, signInWithEmailLink } from 'firebase/auth';
import { getLinkedProviderIds } from './provider-utils';

const handleEmailSignIn = async () => {
  const auth = getAuth();
  const email = window.prompt(' 確認のためメールアドレスを入力してください ');

  try {
    const result = await signInWithEmailLink(auth, email, window.location.href);
    const linkedProviderIds = getLinkedProviderIds(result.user);

    // 仮登録中のメールアドレスでメールリンクログインをすると Firebse Auth の仕様で IdP の⏎
連携が解除される
    if (linkedProviderIds.length === 0) {
      alert(
        ' メールが使えない場合に備えて、\nIdP との連携を行ってください。'
      );
    }
  } catch (error) {
    alert(` ログインに失敗しました :${error.message}`);
  }
};
export default handleEmailSignIn;
```

　プロンプトでログインリンクを受信したメールアドレスの入力を求めるダイアログを表示します。これはクロスサイトリクエストフォージェリー（CSRF）対策です（詳細は後述）。
　Firebase Auth API の signInWithEmailLink() がメールリンクログインの処理を行います。引数として auth インスタンス、メールアドレス、現在の URL を渡します。

```
const result = await signInWithEmailLink(auth, email, window.location.href);
```

　以下の箇所はログイン結果のユーザー情報から、連携している IdP の識別子の配列を取得しています。

```
    const linkedProviderIds = getLinkedProviderIds(result.user);

    // 仮登録中のメールアドレスでメールリンクログインをすると Firebse Auth の仕様で IdP の連携⏎
が解除される
    if (linkedProviderIds.length === 0) {
      alert(
        ' メールが使えない場合に備えて、\nIdP との連携を行ってください。'
      );
    }
```

　配列の長さが0の場合は、どのIdPとも連携していないことを意味します。この場合、「メールが使えない場合に備えて、IdPとの連携を行ってください」との注意が表示されます。IdPと連携していないユーザーがメールリンクログインに成功する理由については後述します。

　getLinkedProviderIds()は、userインスタンスを引数に取り、ユーザーの連携しているIdPの識別子の配列を返す関数です。この関数は別のところでも使うため、リスト5.8のようにモジュールとして切り出しています。

リスト5.8　provider-utils.js

```javascript
import { GoogleAuthProvider, GithubAuthProvider } from 'firebase/auth';
// 連携済みのすべてのプロバイダ ID プロパティの配列を返す
export const getLinkedProviderIds = (user) => {
  const linkedProviderIds = user.providerData
    .map((provider) => provider.providerId)
    .filter(
      (providerId) =>
        providerId === GoogleAuthProvider.PROVIDER_ID ||
        providerId === GithubAuthProvider.PROVIDER_ID
    );

  return linkedProviderIds;
};
```

複数のIdPとの連携機能

　Google、GitHubのIdPとの連携状態を表示します。連携している場合はディスプレイネームを表示します。また、IdPとの［連携］ボタン、連携の［解除］ボタンを実装します（図5.12）。

図5.12　連携状態表示画面

　少なくとも1つのIdPとの連携を保つため、片方のIdPとだけ連携している状態では連携解除ボタンは表示しません（図5.13）。

139

図5.13 GitHub連携を解除した場合

onAuthStateChanged()のコールバック関数内でIdPとの連携関連の表示処理である
showLinkState()を記述します。showLinkState()は引数としてuserインスタンスを指定します。

```
// ログイン状態が変化したときの処理
onAuthStateChanged(auth, (user) => {

(省略)

  // メールアドレスの表示
  document.getElementById('currentEmail').textContent = email;

  // IdP連携状態の表示
  showLinkState(user);
});
```

showLinkState()の処理はlink-state.jsに記述されています（リスト5.9）。

リスト5.9 link-state.js

```
import {
  GoogleAuthProvider,
  GithubAuthProvider,
  linkWithPopup,
  unlink,
} from 'firebase/auth';

import { getLinkedProviderIds } from './provider-utils';

// IdP連携ボタンの処理
const linkProvider = async (user, provider) => {
  try {
    await linkWithPopup(user, provider);
    window.location.reload();
  } catch (error) {
    alert(`連携に失敗しました。\n${error.message}`);
  }
};
```

```javascript
// IdP 連携解除ボタンの処理
const unlinkProvider = async (user, provider) => {
  try {
    await unlink(user, provider.providerId);
    alert(' 連携を解除しました ');
    window.location.reload();
  } catch (error) {
    alert(`連携の解除に失敗しました \n${error.message}`);
  }
};

// IdP のディスプレイネームを取得
const getProviderDisplayName = (user, providerId) => {
  return user.providerData.find((provider) => {
    return provider.providerId === providerId;
  }).displayName;
};

// 連携済み IdP のユーザー情報のセット
const setLinkedProvider = (user, info) => {
  const providerId = info.provider.providerId;
  const providerDisplayName = getProviderDisplayName(user, providerId);
  info.linkState.textContent = ' 連携済み ';
  info.displayName.textContent = providerDisplayName;
  info.button.textContent = ' 解除 ';

  info.button.addEventListener('click', () => {
    unlinkProvider(user, info.provider);
  });
};

// 未連携の IdP の情報をセット
const setNotLinkedProvider = (user, info) => {
  info.linkState.textContent = ' 未連携 ';
  info.displayName.textContent = '-';
  info.button.textContent = ' 連携 ';

  info.button.addEventListener('click', () => {
    linkProvider(user, info.provider);
  });
};

// 連携済み、未連携の情報を表示する
const showLinkState = (user) => {
  const linkedProviderIds = getLinkedProviderIds(user);

  const linkInfo = [
    {
      provider: new GoogleAuthProvider(),
      linkState: document.getElementById('googleLinkState'),
```

```
        displayName: document.getElementById('googleDisplayName'),
        button: document.getElementById('googleLinkButton'),
      },
      {
        provider: new GithubAuthProvider(),
        linkState: document.getElementById('githubLinkState'),
        displayName: document.getElementById('githubDisplayName'),
        button: document.getElementById('githubLinkButton'),
      },
    ];

    linkInfo.forEach((info) => {
      if (!linkedProviderIds.includes(info.provider.providerId)) {
        setNotLinkedProvider(user, info);
        return;
      }

      setLinkedProvider(user, info);
    });

    // どちらか一方しか連携していない場合は解除ボタンを非表示にする
    if (
      linkedProviderIds.includes(GoogleAuthProvider.PROVIDER_ID) &&
      !linkedProviderIds.includes(GithubAuthProvider.PROVIDER_ID)
    ) {
      document.getElementById('googleLinkButton').style.display = 'none';
    } else if (
      !linkedProviderIds.includes(GoogleAuthProvider.PROVIDER_ID) &&
      linkedProviderIds.includes(GithubAuthProvider.PROVIDER_ID)
    ) {
      button: document.getElementById('githubLinkButton').style.display = 'none';
    }
};

export default showLinkState;
```

まず、インポート文を見ていきましょう。

```
import {
  GoogleAuthProvider,
  GithubAuthProvider,
  linkWithPopup,
  unlink,
} from 'firebase/auth';

import { getLinkedProviderIds } from './provider-utils';
```

先ほどメールリンクログインで利用したIdPの識別子の配列を返す関数getLinkedProvderIds()

をここでも読み込んでいます。showLinkState() の続きを次に示します。

```javascript
// 連携済み、未連携の情報を表示する
const showLinkState = (user) => {
  const linkedProviderIds = getLinkedProviderIds(user);

  const linkInfo = [
    {
      provider: new GoogleAuthProvider(),
      linkState: document.getElementById('googleLinkState'),
      displayName: document.getElementById('googleDisplayName'),
      button: document.getElementById('googleLinkButton'),
    },
    {
      provider: new GithubAuthProvider(),
      linkState: document.getElementById('githubLinkState'),
      displayName: document.getElementById('githubDisplayName'),
      button: document.getElementById('githubLinkButton'),
    },
  ];

  linkInfo.forEach((info) => {
    if (!linkedProviderIds.includes(info.provider.providerId)) {
      setNotLinkedProvider(user, info);
      return;
    }

    setLinkedProvider(user, info);
  });

  (省略)

};
```

linkedProviderIds として連携済みの IdP の識別子の配列を取得しています。

```javascript
  const linkedProviderIds = getLinkedProviderIds(user);
```

続いて、linkInfo として IdP 連携状態の表示にかかわる DOM 要素と対応する provider イン
スタンスをまとめたオブジェクトの配列を準備しています。

```javascript
  const linkInfo = [
    {
      provider: new GoogleAuthProvider(),
      linkState: document.getElementById('googleLinkState'),
      displayName: document.getElementById('googleDisplayName'),
```

5

リ
カ
バ
リ
ー

```
    button: document.getElementById('googleLinkButton'),
  },

  (省略)

];
```

そして、linkInfo.forEach()の中で、連携、未連携に応じた表示を行います。

```
linkInfo.forEach((info) => {
  if (!linkedProviderIds.includes(info.provider.providerId)) {
    setNotLinkedProvider(user, info);
    return;
  }

  setLinkedProvider(user, info);
});
```

linkedProviderIdsにinfo.provider.providerIdが含まれているかどうかで処理を分けています。

　含まれていない場合は未連携なので、対応するsetNotLinkedProvider()を呼び出します。含まれている場合は、連携済みなのでsetLinkedProvider()を呼び出します。

　setLinkedProvider()、setNotLinkedProvider()の処理は、次のようになっています。

```
// 連携済みのIdPユーザー情報のセット
const setLinkedProvider = (user, info) => {
  const providerId = info.provider.providerId;
  const providerDisplayName = getProviderDisplayName(user, providerId);
  info.linkState.textContent = ' 連携済み ';
  info.displayName.textContent = providerDisplayName;
  info.button.textContent = ' 解除 ';

  info.button.addEventListener('click', () => {
    unlinkProvider(user, provider);
  });
};

// 未連携のIdPの情報をセット
const setNotLinkedProvider = (user, info) => {
  info.linkState.textContent = ' 未連携 ';
  info.displayName.textContent = '-';
  info.button.textContent = ' 連携 ';

  info.button.addEventListener('click', () => {
    linkProvider(user, info.provider);
```

```
  });
};
```

　連携済みの処理であるsetLinkedProviderから見ていきましょう。引数でuserインスタンスが渡されています。これはもともとonAuthStateChanged()から渡されたものです。

　infoに含まれるDOM要素に対し、状態にかかわる文字列をセットしています。そのなかでIdPのディスプレイネームを取得する関数getProviderDisplayName()を31行目に記載しています。

```
// IdP のディスプレイネームを取得
const getProviderDisplayName = (user, providerId) => {
  return user.providerData.find((provider) => {
    return provider.providerId === providerId;
  }).displayName;
};
```

　解除ボタンの処理 (unlinkProvider()) を次に示します。Firebase Auth APIのunlink()を呼び出しており、その際、引数としてuserインスタンスとprovider識別子を渡しています。

```
// IdP 連携解除ボタンの処理
const unlinkProvider = async (user, provider) => {
  try {
    await unlink(user, provider.providerId);
    alert(' 連携を解除しました ');
    window.location.reload();
  } catch (error) {
    alert(` 連携の解除に失敗しました \n${error.message}`);
  }
};
```

　次に、未連携の場合の処理であるsetNotLinkedProvider()について見てみましょう。表示部分は未連携を示す文字列がセットされています。[解除] ボタンの処理であるLinkProvider()を以下に示します。

```
// IdP 連携ボタンの処理
const linkProvider = async (user, provider) => {
  try {
    await linkWithPopup(user, provider);
    window.location.reload();
  } catch (error) {
    alert(` 連携に失敗しました。\n${error.message}`);
  }
};
```

　ここでは、Firebase Auth APIの`linkWithPopup()`を呼び出しています。このAPIには引数として、`user`インスタンスと`provider`インスタンスを渡します。その後、表示を反映させるために`window.location.reload()`で画面をリロードしています。

　最後に、`showLinkState()`の後半も見ておきましょう。以下の処理で、Google、GitHubのどちらか一方のIdPと未連携の場合、連携解除ボタンを非表示にしています。

```
// どちらか一方しか連携していない場合は解除ボタンを非表示にする
if (
  linkedProviderIds.includes(GoogleAuthProvider.PROVIDER_ID) &&
  !linkedProviderIds.includes(GithubAuthProvider.PROVIDER_ID)
) {
  document.getElementById('googleLinkButton').style.display = 'none';
} else if (
  !linkedProviderIds.includes(GoogleAuthProvider.PROVIDER_ID) &&
  linkedProviderIds.includes(GithubAuthProvider.PROVIDER_ID)
) {
  button: document.getElementById('githubLinkButton').style.display = 'none';
}

export default showLinkState;
```

5.4 設計／実装のポイント

5.4.1 メールアドレスの登録・未登録の判別防止

　リカバリー画面で入力されたメールアドレスが登録済みの場合であっても、未登録の場合であっても、送信時には、図5.14に示すようにダイアログで同じメッセージを表示しています。

図5.14　送信時メッセージ

　ソースコードでは`recovery.js`の以下の部分にあたります。

```
  try {
    const signInMethods = await fetchSignInMethodsForEmail(auth, email);

    // 未登録の場合
    if (signInMethods.length === 0) {
      emailForm.value = '';
      alert(
        `${email} が登録済みである場合、ログイン用の URL が送られています。`
      );
      return;
    }

    await sendSignInLinkToEmail(auth, email, actionCodeSettings);
    emailForm.value = '';
    alert(
      `${email} が登録済みである場合、ログイン用の URL が送られています。`
    );
    return;
  } catch (error) {
    alert(`${email} へのログイン用 URL の送信に失敗しました。\n${error.message}`);
  }
```

メッセージを同じにしているのは、第三者によるメールアドレスの登録／未登録の判別を防ぐためです。メッセージが異なる場合、入力したメールアドレスの登録／未登録が判別可能になってしまいます。

判別を防ぐ理由はログイン方式によって異なります。パスワードログインの場合、リスト攻撃のスクリーニングに利用されるため、このように判別を防ぐ手だては必須です。一方、ソーシャルログインの場合は、アプリ側でリスト攻撃の心配をする必要はありません。したがって、判別を防ぐ理由としてはプライバシーへの考慮が考えられるでしょう。利用していることが他人に知られても問題ないアプリであれば、このような手だてはそれほど重要ではありません。

5.4.2　メールリンクログインの CSRF 対策

メールリンクによるログインを処理するためのFirebase Auth APIであるsignInWithEmailLink()には、引数としてメールアドレスとログインリンクを渡します。コード中ではwindow.location.hrefを渡しています。この処理を行う時点のURLがログインリンクになっているはずだからです。

そして、signInWithEmailLink()はメールアドレスがログインリンクの送信先と一致することを確認します。

```
const result = await signInWithEmailLink(auth, email, window.location.href);
```

　サンプルアプリでは、メールで送られてきたログインリンクをクリックするとメールアドレスの入力ダイアログを表示します（図5.15）。

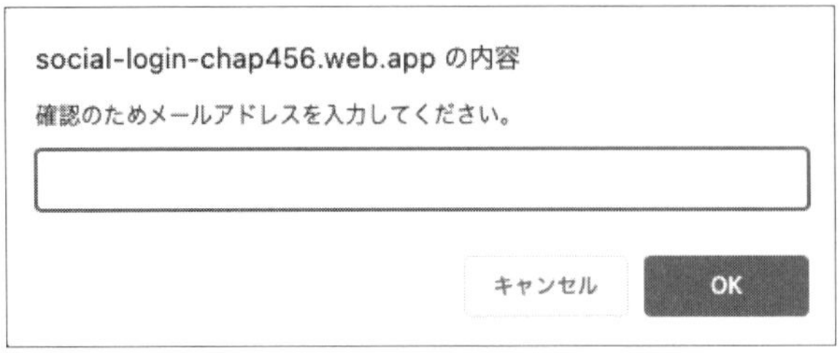

```
social-login-chap456.web.app の内容
確認のためメールアドレスを入力してください。

[                                    ]

                         キャンセル      OK
```

図5.15　メールアドレス確認

　このようにメールアドレスとログインリンクとの対応を確認するのは、**クロスサイトリクエストフォージェリー（CSRF）**を防ぐためです。
　このチェックがないと、図5.16のようにCSRFが成立してしまいます（攻撃者がこのアプリに登録済みという前提）。

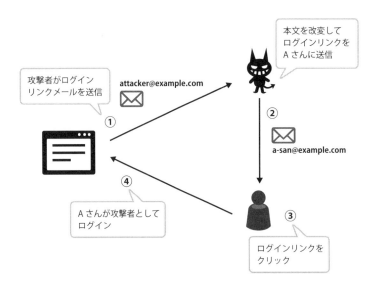

図5.16　CSRFの流れ

① 攻撃者がリカバリー画面で自分のメールアドレス（attacker@example.com）宛てにログインリンクを送信する
② 攻撃者はリンクをコピーしたメールをAさん（a-san@example.com）宛てに送信する
③ Aさんはログインリンクをクリックする

④　A さんが攻撃者のユーザーとしてログインする

　この攻撃が成立すると、A さんは自分が攻撃者のユーザーでログインしていることに気づかず、そのまま個人情報やクレジットカードなどの情報を入力してしまう、といった可能性があります。

　しかし、メールリンクログインの最初にメールアドレス入力を求めることでCSRFを防ぐことができます。その仕組みを図5.17に示します。

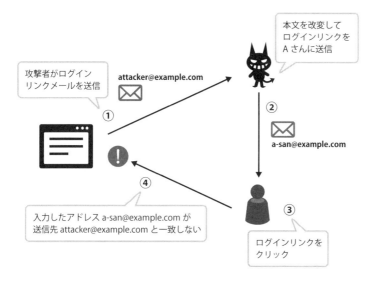

図5.17　CSRF 対策

　①から③の流れは図5.16と変わりません。

　④でメールアドレスの入力を求められると、A さんは自分のメールアドレスであるa-san@example.comを入力します。しかし、ログインリンク送付先のattacker@example.comとは異なるアドレスのため、ここでログインに失敗するのです。

　このように、メールリンクからのログイン処理をする場合は、送信先のメールアドレスを確認することでCSRFを防ぐことができます。サンプルアプリでは説明のためにダイアログを表示しましたが、リカバリー画面でメールアドレスをローカルストレージに保存して、メールリンクからのログイン時に自動で一致を確認することで、ユーザーの入力の手間を省いてもよいでしょう。

5.4.3　未確認のメールアドレスによるメールリンクログインの対応

　Firebase Authでは、確認が行われていないメールアドレスでメールリンクログインが可能です。図5.18にその流れを記載します。

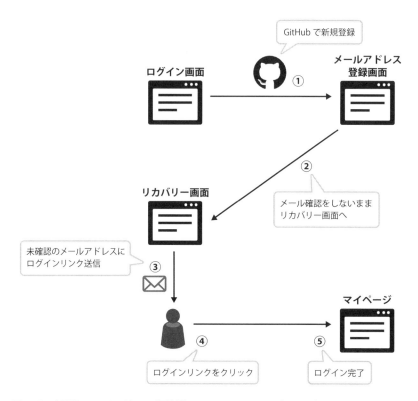

図5.18　未確認のメールアドレス（仮登録）でのメールリンクログインの流れ

①　GitHub IdP で認証して新規登録を行い、メール登録画面に遷移する

②　メール確認を行わずにリカバリー画面に移る

③　GitHub のメールアドレスにログインリンクメールを送信する

④　送られてきたメールのログインリンクをクリックする

⑤　ログイン完了

　GitHubは第4章で説明した「信頼できないIdP」なので、新規登録時は必ずメール登録画面に遷移します。

　①の時点でFirebase Auth上ではユーザーが作成されており、GitHubに登録しているメールアドレスがFirebase Authにも登録されます。また、Firebase Authでは図5.18の③、④、⑤の流れは未確認のメールでも特に問題なく動作します。

　本来はメール未確認状態でメールリンクログインはさせるべきではありません。しかし、ログアウト状態においてメール確認の有無を判別する手段がFirebase Authにはないため、未確認メールアドレスでのメールリンクログインを止める方法がありません。しかも、この流れでログインすると、後述するようにGitHub IdPとの連携が解除されてしまします。

　したがって、上記の手順でログインした場合にはIdP連携を依頼するメッセージを出すことにしました (図5.19)。

図5.19　ID連携を依頼するメッセージ

　その処理は、email-signnin.jsのリスト5.10の箇所に記述しています。

リスト5.10　email-signnin.js

```
    // 仮登録中のメールアドレスでメールリンクログインをするとFirebse Authの仕様でIdPの連携が解除される
    if (linkedProviderIds.length === 0) {
      alert(
        'メールが使えない場合に備えて、\nIdPとの連携を行ってください。'
      );
    }
```

　次に、図5.18の流れでログインしたときにGitHub IdPとの連携が解除されている理由について解説します。

　図5.18の①のGitHub IdPで新規登録を行った時点では、Firebase Auth上ではGitHub IdPと連携しています。FirebaseコンソールのAuthenticationのUsersタブで確認すると、図5.20に示すようにプロバイダの列にGitHubのアイコンが表示されています。

ID	プロバイダ	作成日 ↓	ログイン日	ユーザー UID
	⬤	2022/09/08	2022/09/08	CpqdHO5Q26YViQHpLL67X6hnxX...

図5.20　GitHub IdPと連携したユーザー

　しかし、⑤でメールリンクログインが完了すると、プロバイダのアイコンがメールリンクログインを表すメールアイコンに切り替わります (図5.21)。

ID	プロバイダ	作成日 ↓	ログイン日	ユーザー UID
▓▓▓▓▓▓▓▓▓▓▓▓▓▓		2022/09/08	2022/09/08	CpqdHO5Q26YViQHpLL67X6hnxX...

図5.21　プロバイダがメールのアイコンに切り替わる

　この理由は、4.5.4項で説明した「信頼」の概念で説明できます。

　Firebase Authが定義する「プロバイダ」はソーシャルログインのIdPを含む広い意味で利用されています。他にも、パスワード、メールリンク、SMSなどFirebase Authがサポートするすべてのログイン手段が「プロバイダ」に含まれています。

> **note**
>
> 本書では混乱を避けるため、Firebase Authの文脈のものは「プロバイダ」と表記し、ソーシャルログインに限定する場合は「IdP」と表記します。

　したがって、メールリンクログインにも信頼の概念が適用されており、「信頼できるプロバイダ」としてカテゴライズされています。

　一方、GitHub IdPは「信頼できないプロバイダ」にカテゴライズされます。

　そして、4.5.4項で説明したとおり、「信頼できないプロバイダの既存ユーザー」と同じメールアドレスを持つ「信頼できるプロバイダのユーザー」が新規にログインした場合、既存ユーザーのプロバイダは「信頼できるプロバイダ」に置き換えられる、というのがFirebase Authのルールです。

　今回の例でいうと、「信頼できない」GitHubから「信頼できる」メールリンクログインに置き換えられます。

| Column | リカバリーの機能がないアプリ |

　世の中にはリカバリーの機能がないアプリもあります。

　その場合は、カスタマーサポートによるリカバリー手段を提供しています。ユーザーがカスタマーサポートに連絡し、カスタマーサポートが住所や生年月日などの属性情報やサービスの利用状況を照合することでユーザー認証相当の処理を行った後、ログイン可能な状態に戻します。ただし、この場合、カスタマーサポートへの問い合わせが増えることは考慮すべきです。カスタマーサポートによるリカバリーはアプリによって保持している情報が異なるためアプリごとに考える必要があります。

　それすら提供していないアプリも存在し、その場合、ユーザーはログインできなくなった時点でアプリの継続利用をあきらめるしかありません。それが許容される内容のアプリであれば、それも1つの手段でしょう。

| Column | 認証強度 |

　「認証強度」の意味は、厳密にはNIST（米国国立標準技術研究所）より発行されているNIST SP800-63 (https://pages.nist.gov/800-63-3/sp800-63b.html) でAuthenticator Assurance Levels（AAL）として定義されていますが、ここでは「ユーザー認証の確からしさ、破られにくさ」といった広い意味で考えます。

　アプリに複数の認証手段がある場合は、それぞれに十分な認証強度を持たせましょう。1つでも認証強度の弱い認証手段があると、不正ログインを目的とした攻撃に狙われやすくなります。ソーシャルログインの認証強度はユーザーのIdPの設定次第です。IdPで2要素認証を設定していれば認証強度は高くなりますし、パスワードだけに設定している場合は認証強度は低くなってしまいます。

　リカバリーに利用するメールリンクログインの認証強度は、リンクに含まれるランダム文字列の生成方法によります。Firebaseのランダム文字列の生成方法は不明ですが、FirebaseはGoogleのサービスなので十分な強度が保たれていると信じてよいでしょう。とはいえ、ソーシャルログインで2要素認証にしている場合と比較すると、メールリンクログインは「所有」の1要素であるため認証強度が弱くなります。今回のサンプルアプリでは「認証機能はIDaaSにまかせるべき」との考えを優先して、独自に2要素認証を実装するのではなくFirebase Authのメールリンクログインをそのまま使いました。

　余談になりますが、アプリ全体の認証強度を強化する目的でFIDOを採用するのであれば、リカバリー手段として採用する認証方式も同程度の認証強度にするためFIDOを採用するべきです。ただし、ユーザーに認証器を2つ登録してもらうのはハードルが高く、現実的には難しいため、FIDOを採用することで得られる効果は、「アプリ全体の認証強度の強化」ではなく「利便性向上」と考えるべきでしょう。

5

リカバリー

Column　リスクベース認証

　先のコラムで「ソーシャルログインの認証強度はIdPの設定次第」という話をしたので、「普段、パスワードだけでログインしているから、認証強度が低いのかも」と心配になった方がいるかもしれません。しかし、パスワードに加えてメールやSMSの確認をやったことがあるなら、リスクベース認証と呼ばれる仕組みが動いています。

　リスクベース認証とは、例えば「IPアドレス」「時間帯」「位置」「デバイス」「ブラウザ」などの認証時の情報を蓄積したうえで、これらの情報が普段のパターンとは異なるなど、不正なアクセスの可能性がある場合にのみ追加で認証を求める方式です。

　例えば、普段は日本からiPhoneのSafariでアクセスしているのに、海外のパソコンからアクセスが来た場合は、リスクがあると判断し、確認済みのメールやSMSを利用した認証が追加で要求されます。

　逆に、普段使っている環境からのログインであると判定されたら、パスワード認証だけで済むでしょう。リスクベース認証を利用すれば、パスワード認証のみを実装しているサービスにおいても、ある程度不正アクセスへの対策が可能になります。

　決済機能を提供したり個人情報を扱ったりなど、アプリ特性によってはリスクベース認証の採用を検討する必要が出てくるかもしれません。ただし、リスクベース認証を採用することが決まっても、自社内に専門家がいないと実際に実装・運用するのは困難でしょう。

　そこで、ソーシャルログインの出番となります。リスクベース認証を実装しているGoogleやFacebookなどのソーシャルログインを採用すれば、実質的にアプリにリスクベース認証を取り込むことができます。

Chapter **6**

登録情報の変更、
一時凍結・再有効化、退会

本章では、ID管理の機能のうち、以下の3つを説明します。

- 登録情報の変更
- 一時凍結・再有効化
- 退会

これらは、ID管理のライフサイクルの図では破線で囲んだ部分にあたります（図6.1）。

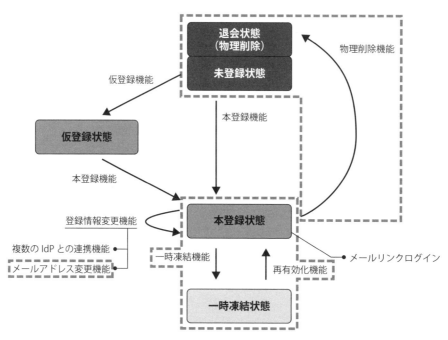

図6.1　ライフサイクル ： 本章の範囲

これらの機能をそろえれば、第4章から始まったサンプルアプリは完成です。

6.1 各機能の概要

ここではサンプルアプリにおける各機能の概要について説明します。

6.1.1 登録情報の変更

「登録情報の変更」はID管理のライフサイクルの「本登録状態」の機能の1つです。

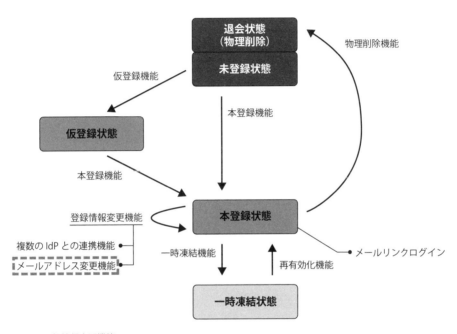

図6.2　登録情報変更機能

「登録情報」にはさまざまなものがありますが、特に認証に利用される登録情報の変更が重要です。これらの情報を意図せぬ内容に変更した場合、ログインできなくなってしまうからです。また、不正な第三者に勝手に変更されるとログインができなくなるうえに、アカウントが乗っ取られてしまいます。

サンプルアプリにおいては、連携するIdPの変更および、メールアドレスの変更がこれにあたります。本章ではメールアドレス変更機能を新たに追加します。

6.1.2 一時凍結・再有効化

一時凍結・再有効化機能は、ID管理のライフサイクルでの本登録状態と一時凍結状態の遷移に対応する機能です。

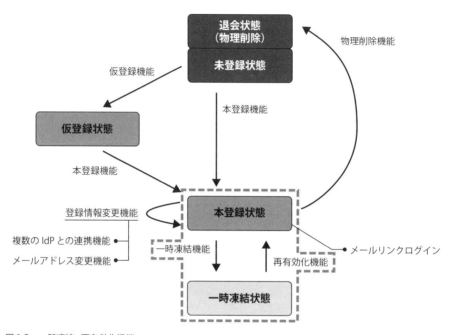

図6.3 一時凍結・再有効化機能

不正なログインが疑われるユーザーや、不正な行為をしているユーザーを一時凍結状態にするための機能が、一時凍結機能です。逆に、一時凍結状態になったユーザーを元の登録状態に戻すための機能が再有効化機能です。ユーザーを一時凍結状態にすると、その時点でログイン中であった場合でも、強制的にログアウトさせ、以後、再有効化するまではログインできないようにします。

一時凍結、再有効化の機能はユーザー向けではなくアプリ管理者向けの機能です。Firebase Auth APIに含まれるのはログイン処理および、ログインしたユーザー自身のID管理にのみかかわる処理であり、管理者として任意のユーザーのID状態を変更する一時凍結、再有効化のAPIは含まれていません。

一時凍結機能・再有効化機能はFirebaseコンソールの機能として提供されています。また、サーバーサイドで利用するAdmin Auth APIでも実現可能です。Admin Auth APIを利用した一時凍結・再有効化機能についてはコラムで解説します。なお、Admin Auth APIについては第7章で解説します。

6.1.3 退会

退会機能にはユーザーの論理削除と物理削除の2種類の方法があります。Firebase Authには論理削除に相当するAPIはないため、サンプルアプリでは物理削除の退会ボタンを実装します。退会したユーザーの情報をデータベースから完全に消してしまうのが物理削除です。物理削除するとID管理のライフサイクル上では未登録状態に等しくなります。

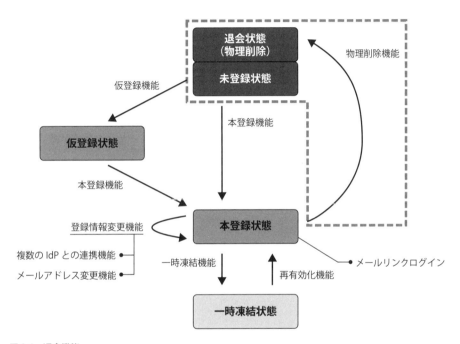

図6.4　退会機能

6.2 サンプルアプリ作成

ここではマイページに2つの機能を追加します。1つはメールアドレス更新機能であり、登録情報変更機能にあたります。もう1つは退会ボタンによる物理削除機能です。一時凍結・再有効化機能については先に記載したとおり、管理者向けの機能でありユーザー自身が行うものではないのでマイページの機能としては提供しません。代わりにここでは、Firebaseコンソール上での一時凍結・再有効化機能の利用方法を説明します。

なお、本章のサンプルアプリは第5章で作成したものに追記していきます。

6.2.1　画面

登録情報の変更、退会、一時凍結のために修正するのは以下の画面です。

表6.1　第6章の画面と追加機能

画面	新規or既存	パス	追加機能
マイページ	既存ページ	/	・メールアドレス更新機能 ・退会機能

■ マイページ

これまでメールアドレスが表示されていた項目にメールアドレスの入力欄と、変更ボタンを
追加します (図6.5)。

図6.5　マイページ画面

サンプルアプリはリカバリーのためにメールアドレスを利用するので、メールアドレスの変
更はセキュリティ上重要な操作になります。したがって、メールアドレス変更ボタンを押すと、
まずは連携済みのIdPでの認証を求めます。認証に成功すると、フォームに入力されたメール
アドレス宛てにメールアドレス更新のためのリンクを送ります。

図6.6にメール更新の流れを示します。

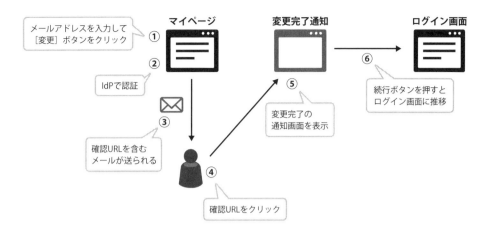

図6.6　メールアドレス更新の流れ

① マイページにてメールアドレスを入力して［変更］ボタンを押す

② IdP で認証する

③ 確認 URL を含むメールが、①で入力したメールアドレス宛てに送信される

④ ユーザーが確認 URL をクリックする

⑤ ブラウザでメールアドレス変更が完了した旨が表示される

⑥ 完了通知画面の［続行］ボタンを押すとログイン画面に遷移する

　もう1つの追加機能である退会機能も重要な操作であるため、直前に認証を求めます。
　［退会］ボタンを押すとIdPの認証画面を表示し、認証に成功した場合に退会処理を行います。
なお、ここでの退会は物理削除になります。

Firebase コンソールの一時凍結・再有効化機能

　Firebaseコンソールでは、ユーザーの一時凍結・再有効化機能が提供されています。ここでは、
その機能の使い方について説明します。Firebaseコンソールで左ペインの［Authentication］
を選択し、右ペインのタブで［Users］を選択すると図6.7のような画面が開きます。

6

登録情報の変更、一時凍結・再有効化、退会

図6.7　Firebaseコンソール画面

　ここで、凍結したいユーザーの右端にあるケバブメニュー（「・」が3つ縦に並んだメニュー）を選択すると図6.8のメニューが表示されるので、中央の［アカウントを無効にする］を選択します。

図6.8　メニューを開く

　図6.9の確認ダイアログが表示されるのでユーザーアカウントを確認して［無効］を押します。

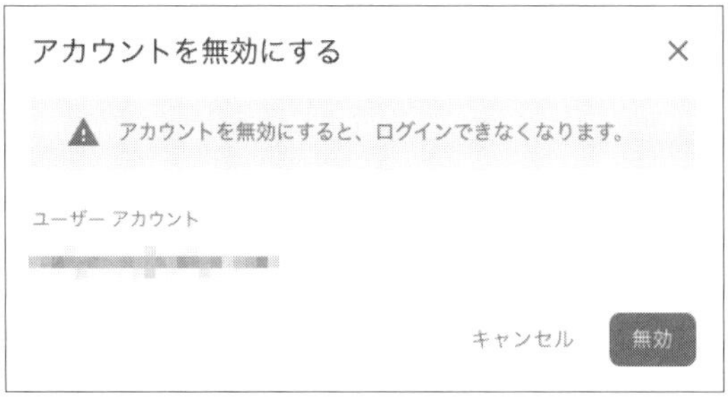

図6.9　「アカウントを無効にする」ダイアログ

　無効化されたユーザーは図6.10に示されるように文字がグレーになり、メールアドレスの下に「無効」と表記されます。

図6.10　無効になったユーザー

　サンプルアプリでは、このように無効になったユーザーでログインしようとすると、図6.11に示すダイアログが表示されます。

```
social-login-chap456.web.app の内容

ログイン/新規登録に失敗しました。
The user account has been disabled by an administrator.

                                          OK
```

図6.11　無効になったユーザーでログインしようとした場合

　続いて、このユーザーを一時凍結状態から再有効化するためには、ユーザーリストのケバブメニューからメニューを開いて［アカウントを有効にする］を選びます。

ID	プロバイダ	作成日 ↓	ログイン日	ユーザー UID	
kohji.ue$jp.nc... 無効	⌦	2022/10/16	2022/10/16	liTkztwLOjXdydb6x5K	パスワードを再設定
hiyorazu@gmail.com	G	2022/09/09	2022/10/25	KU06BZDqoUSQrl9Ec...	アカウントを有効にする
fumitaka@mofukabur.com	G	2022/08/16	2022/08/16	gWHEp6SGjdVRjYvKQjxiu0VFka42	アカウントを削除
gm.osawa@gmail.com	G	2022/08/16	2022/08/16	SHXC6Mge8WPuzXeurvSHtABXP...	

ページあたりの行数：　50　▼　　1 - 4 of 4　　< >

図6.12　アカウントを有効にする

6

登録情報の変更、一時凍結・再有効化、退会

163

　すると、図6.13のダイアログが表示されるのでユーザーアカウントを確認して「有効」を押します。

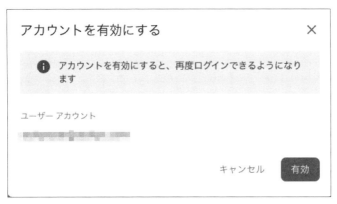

図6.13　「アカウントを有効にする」ダイアログ

　これで、ユーザーは再有効化され、ログインが可能になります。

6.2.2　機能実装

ここからは、登録情報の変更機能と退会機能の実装について見ていきます。

■ マイページ

まずは画面の実装です。mypage.htmlにメールアドレスの入力フォームと退会ボタンを追加します（リスト6.1）。

リスト6.1　mypage.html

```
〜省略〜

    <h2> メールアドレス </h2>
    <div class="currentEmail">
      <span> 現在のメールアドレス </span>
      <span id="currentEmail"></span>
    </div>
    <div>
      <form name="emailForm" id="emailForm">
        <label for="email"> 新しいメールアドレス </label>
        <input class="form-control" id="email" name="email" type="email">
        <button class="btn" type="submit"> 変更 </button>
      </form>
```

```
      </div>
      <h2> 退会 </h2>
      <p> メールアドレス、連携状態が破棄されます </p>
      <button class="btn" id="deleteAccount">
        退会
      </button>
    </div>
    <!-- js の読み込み -->
    <script src="mypage.bundle.js"></script>
</body>

</html>
```

　続いて、mypage.jsに、メールアドレス更新ボタンと、退会ボタンに対応する関数をひも付ける処理を追加します (リスト6.2)。

リスト6.2　mypage.js

```
〜省略〜

// メールアドレス更新ボタン
document.getElementById('emailForm').addEventListener('submit', updateEmail);

// 退会ボタン
document
  .getElementById('deleteAccount')
  .addEventListener('click', deleteAccount);

// ページ読み込み時
document.addEventListener('DOMContentLoaded', async () => {

〜省略〜

  });
});
```

　次はそれぞれのボタン処理の実装です。まずは、メールアドレス更新ボタンから見ていきましょう。リスト6.3の内容をupdate-email.jsに記述していきます。

リスト6.3　update-email.js

```
import {
  getAuth,
  reauthenticateWithPopup,
  verifyBeforeUpdateEmail,
} from 'firebase/auth';
import { getProvider } from './provider-utils';
```

```javascript
const updateEmail = async (event) => {
  event.preventDefault();
  const emailForm = document.forms.emailForm.elements.email;
  const email = emailForm.value;

  const actionCodeSettings = {
    url: `https://${location.host}/login.html`,
  };

  const auth = getAuth();
  auth.languageCode = 'ja';

  const user = auth.currentUser;

  // 登録している自分のメールアドレスを入力した場合
  if (user.email === email) {
    alert(`${email} は登録済みです。`);
    emailForm.value = '';
    return;
  }

  const provider = getProvider();

  try {
    // メールアドレスを更新する前に再認証。失敗するとエラーが発生する
    await reauthenticateWithPopup(user, provider);
    await verifyBeforeUpdateEmail(user, email, actionCodeSettings);
    alert(
      `${email} に確認メールを送りました。\n (他のユーザーにより登録済みのメールアドレスの場➡
合は送信されません。) `
    );
    emailForm.value = '';
  } catch (error) {
    if (error.code === 'auth/email-already-in-use') {
      alert(
        `${email} に確認メールを送りました。\n (他のユーザーにより登録済みのメールアドレスの➡
場合は送信されません。) `
      );
      emailForm.value = '';
      return;
    }
    alert(` メールの送信に失敗しました \n${error.message}`);
  }
};

export default updateEmail;
```

8行目から始まるupdateEmail()がメールアドレス更新処理になります。前半は仮登録時の

メール登録処理（register-email.jsの registerEmail()）とほぼ同じです。

さらに、すでに登録している自分のメールアドレスが入力された場合の処理を以下の箇所に記述しています。この場合は、同じである旨を伝えてフォームをクリアしています。

```
// 登録している自分のメールアドレスを入力した場合
  if (user.email === email) {
    alert(`${email} は登録済みです。`);
    emailForm.value = '';
    return;
  }
```

また、次の箇所で provider インスタンスを getProvider() により取得しています。

```
  const provider = getProvider();
```

この provider インスタンスはこのあと、再認証の Firebase Auth API である reauthenticate WithPopup() の引数として利用します。

ここで、provider-utils.js に記述している getProvider() の処理を見てみましょう（リスト6.4）。getProvider() は連携済みの IdP の provider インスタンスを1つ返します。複数の IdP と連携している場合も返すインスタンスは1つです。このアプリでは、Google と GitHub の両方の IdP と連携している場合、Google を優先しました。

リスト6.4　provider-utils.js

```
export const getLinkedProviderIds = (user) => {

～省略～

};

// 連携済みのプロバイダインスタンスを1つだけ返す
export const getProvider = () => {
  const auth = getAuth();
  const providerIds = getLinkedProviderIds(auth.currentUser);

  let provider;
  // このサンプルアプリでは Google を優先する
  if (providerIds.includes(GoogleAuthProvider.PROVIDER_ID)) {
    provider = new GoogleAuthProvider();
  } else if (providerIds.includes(GithubAuthProvider.PROVIDER_ID)) {
    provider = new GithubAuthProvider();
  }
```

6

登録情報の変更、一時凍結・再有効化、退会

```
    return provider;
};
```

　それでは、updateEmail()に戻りましょう。以下の箇所で、メールアドレス更新の前に
reauthenticateWithPopup()を使って、再認証しています。引数にはuserインスタンスと、
providerインスタンスを渡します。このAPIを呼び出すと、引数で指定したIdPの認証画面が
ポップアップで出ます。認証に成功したら、メールアドレス更新のためのFirebase Auth API
であるverifyBeforeUpdateEmail()を呼び出します。

　メールを送信したらその旨のメッセージを表示します。

```
try {
  // メールアドレスを更新する前に再認証。失敗するとエラーが発生する
  await reauthenticateWithPopup(user, provider);
  await verifyBeforeUpdateEmail(user, email, actionCodeSettings);
  alert(
    `${email} に確認メールを送りました。\n (他のユーザーにより登録済みのメールアドレスの場 ⏎
合は送信されません。) `
  );
  emailForm.value = '';
} catch (error) {
```

　更新しようとしたメールアドレスが他のユーザーと重複する場合があります。その場合、エ
ラーコード「auth/email-already-in-use」のエラーが発生します。このときはメール送信時と
同じメッセージを表示します。その理由については後述します。

```
} catch (error) {
  if (error.code === 'auth/email-already-in-use') {
    alert(
      `${email} に確認メールを送りました。\n (他のユーザーにより登録済みのメールアドレスの ⏎
場合は送信されません。) `
    );
    emailForm.value = '';
    return;
  }
  alert(`メールの送信に失敗しました \n${error.message}`);
}
```

　次は退会ボタンの処理を見ていきます。delete-user.jsに記述していきます (リスト6.5)。

リスト6.5　delete-user.js
....

```
import { getProvider } from './provider-utils';
import { getAuth, reauthenticateWithPopup } from 'firebase/auth';
```

```
const deleteUser = async () => {
  const auth = getAuth();
  const user = auth.currentUser;
  const provider = getProvider();

  // 仮登録からメールリンクログインすると IdP と未連携のままログインできる
  if (!provider) {
    const result = confirm(`退会しますか？`);
    if (result) {
      await user.delete();
    }
    return;
  }
  try {
    // 退会する前に再認証。認証に失敗するとエラーが発生する
    await reauthenticateWithPopup(user, provider);
    await user.delete();
    alert('退会しました');
  } catch (error) {
    alert(`退会に失敗しました \n${error.message}`);
  }
};

export default deleteUser;
```

まず、以下のように getProvider() で provider インスタンスを取得しています。

```
const provider = getProvider();
```

それに続いて、連携している IdP が存在しない場合の物理削除の処理を記述しています。リカバリーの章で説明したように、仮登録状態のメールアドレスでメールリンクログインした場合は、どの IdP とも ID 連携していない状態になります。したがって、ここでは再認証を求めずにダイアログで確認だけを行っています。確認が取れたら、user.delete() でユーザーを物理削除します。

```
  // 仮登録からメールリンクログインすると IdP 未連携のままログインできる
  if (!provider) {
    const result = confirm(`退会しますか？`);
    if (result) {
      await user.delete();
    }
    return;
  }
```

それ以外の場合は、物理削除する前に再認証を求めます。

```
await reauthenticateWithPopup(user, provider);
await user.delete();
```

ユーザーを物理削除するとFirebase Auth上でログインからログアウトに状態が変わります。mmypage.jsの以下の箇所のonAuthStateChanged()のコールバック関数がこのタイミングで呼び出されて、login.htmlに遷移します。

```
// ログイン状態が変化したときの処理
onAuthStateChanged(auth, (user) => {
  if (!user) {
    window.location.href = 'login.html';
    return;
  }
}
```

6.3 設計／実装のポイント

6.3.1　重要な処理の前の再認証

「認証に必要な情報の変更（今回でいうとメールアドレス）」「退会」「決済」といった第三者に不正に操作された場合に影響が大きい処理については、事前に**再認証**のステップを入れるべきです。

サンプルアプリでは、メールアドレスの変更ボタンを押すと、IdPの認証画面を表示します。そしてこの認証に成功して初めて、メールアドレス変更メールが送信されます。退会処理ボタンも同じく事前に認証を求めます。

サンプルアプリではFirebase Authの再認証のAPIであるreauthenticateWithPopup()を利用しましたが、実はこれを利用しなくてもログインから一定時間過ぎている場合は、メール更新や退会のAPIを呼び出すタイミングで再認証を求めるのが、Firebase Authのデフォルトの挙動です。

再認証という意味では同じですが、「一定時間が過ぎる前」に他者に操作されることを考慮して今回は明示的に認証を行いました。

6.3.2　メールアドレスの変更時の所持確認

メールアドレスを変更する場合は必ず所持確認もセットで行いましょう。その理由は新規登録のときに所持確認を必須とした理由と同じで、メールアドレスを間違えて登録してしまうと、リカバリーができなくなるからです。

所持確認を必須にするためにFirebase Auth APIの`verifyBeforeUpdateEmail()`[1]を使います。このAPIを利用すると、新規に登録したいメールアドレスにメールアドレス更新確認のリンクが届きます。ユーザーがこれをクリックすることでメールアドレスの変更が完了します。

よく似たAPIとして`updateEmail()`[2]があるので、間違えないよう注意してください。こちらは、メールアドレスの変更を即時に行ったうえで、元のメールアドレスに変更を取り消すためのURLが送られます。セキュリティという意味ではこちらで十分かもしれませんが、入力ミスによるメールアドレスの登録間違いを防ぐためには`verifyBeforeUpdateEmail()`のほうが確実です。

6.3.3　既存ユーザーのメールアドレスに更新しようとした場合

第5章で、「ログインリンク送信時のメッセージは登録、未登録の区別が付かないものにする」という解説をしました。区別が付く場合、登録済みのメールアドレスを洗い出すことができるからです。

メールアドレスの更新についても同じことがいえるので、登録しようとするメールアドレスが既存ユーザーと重複していてエラーが発生した場合も、特にメッセージは変えないようにしました。

リスト6.6　update-email.js（31行目〜）

```
try {
    // メールアドレスを更新する前に再認証。失敗するとエラーが発生する
    await reauthenticateWithPopup(user, provider);
    await verifyBeforeUpdateEmail(user, email, actionCodeSettings);
    alert(
        `${email} に確認メールを送りました。\n（他のユーザーにより登録済みのメールアドレスの場
合は送信されません。）`
    );
    emailForm.value = '';
  } catch (error) {
    if (error.code === 'auth/email-already-in-use') {
      alert(
        `${email} に確認メールを送りました。\n（他のユーザーにより登録済みのメールアドレスの
場合は送信されません。）`
      );
      emailForm.value = '';
      return;
    }
```

※1　https://firebase.google.com/docs/reference/js/auth.md#verifybeforeupdateemail
※2　https://firebase.google.com/docs/reference/js/auth.md#updateemail

　ただし、リカバリーのときとは違い、今回はログイン状態の操作なので、メールアドレス更新に回数制限をかけてもよいでしょう。回数制限をかけることで上記のようなスクリーニングを防げます。また、入力間違いに気づかず、他の人のメールアドレス宛てに何度も送信してしまうことも防げます。

6.3.4　物理削除後に属性情報を残す場合

　退会には物理削除と論理削除の2つがあります。論理削除の場合は、退会状態を示すフラグを内部に持つことで、見かけ上ユーザーが削除されたように見せますが、実際にはユーザーのデータは残したままです。したがって、必要であれば、退会を取り消して、ユーザーを復活させることができます。

　物理削除による退会はユーザーデータを削除するので、退会の取り消しはできません。ただし、サービス要件によってはユーザーの属性情報の一部を残すことがあります。

　情報を残す理由として、例えば「登録・退会を繰り返し、迷惑行為をするユーザーの特定」があります。そのようなユーザーの再登録を防ぎたい場合には再登録後に、そのユーザーであることを特定するための属性情報を残します。例えば、メールアドレス、電話番号、IdPから渡されるユーザー識別子（IDトークンのsub）などがあります。

　このように物理削除の場合でも、サービス要件にもとづいた、残すべき情報の検討は必要です。

Column 一時凍結・再有効化と退会（論理削除）のためのAPI

今回、アプリ管理者向けの機能である一時凍結・再有効化は実装しませんでした。もし、Firebaseコンソールとは別に管理者画面を作成し、そこで一時凍結・再有効化を行いたい場合はAdmin Auth APIを利用します。Admin Auth APIはサーバーサイドでの利用を前提としたAPIであり、管理者権限でFirebase Authのユーザーデータを操作することができます。

一時凍結・再有効化を実現するためには、ユーザー情報更新のためのAPIである`updateUser()`を利用します。ユーザーの`disabled`プロパティを`true`にすればユーザーはログインできなくなり、一時凍結状態になります。逆に、これを`false`にするとログイン可能になります。

```
getAuth()
  .updateUser(uid, {
    disabled: true,
  })
```

- https://firebase.google.com/docs/auth/admin/manage-users#update_a_user

論理削除の実装に`disabled`プロパティを利用するのもよいでしょう。ただしその場合は、一時凍結と退会（論理削除）を区別するために、もう1つの状態をFirestoreなどのデータベースで管理する必要があります。

Chapter

7

Firebase Auth 単体
での利用

これまでの章では、Firebaseのプラットフォーム上でFirebase Authを利用する想定で説明してきました。本章では、Firebase Authを単体で利用する方法について説明します。

7.1 本章のサンプルアプリについて

ここでは、本章で作成するサンプルアプリについて、その機能と構成を説明します。

7.1.1　サンプルアプリの機能

本章では、Firebaseの他のサービス、例えば、Cloud Functions for FirebaseやCloud Firestoreなどは利用せず、Firebase Authだけを単体で利用する状況を想定します。

例として、「シングルページアプリケーション（SPA：Single Page Appliation）のフロントエンドとWeb APIを提供するバックエンド」という構成にFirebase Authを組み込む例を紹介します。

> **note**
> SPAといってもReactやVueといったフレームワークは使わず、素のJavaScriptでつくります。

これまでとの大きな違いはバックエンドとのセッション管理が必要になることです。

本章では新しくアプリを作成しますが、ユーザー認証とセッション管理に重きを置いて説明します。それ以外の部分はこれまでのアプリと同じため、セッションが関係する以下の機能のみを実装します。

- ログイン
- ログアウト
- ユーザーの物理削除

画面は以下の2つです。

- ログイン画面
- マイページ

■ ログイン画面

ログイン画面は以下の2つの機能を持ちます。

- ソーシャルログイン
- メールリンクログイン

　サンプルアプリでは、ソーシャルログインのIdPとしてGoogleのみを利用します。［Google
でログイン/新規登録］ボタンを押すと、Googleアカウントの認証画面が表示され、認証に成
功すると、マイページに遷移します。また、新規の場合は自動的に登録されます。
　もう1つの機能はメールリンクログインです。［登録しているメールアドレス］欄に登録済み
のメールアドレスを入力して［送信］ボタンを押すと、ログインリンクが記載されたメールア
ドレスが届きます。そのリンクをクリックすることで、ログインします。

図7.1　ログイン画面

■ マイページ

マイページは以下の3つの機能を持ちます。

- ユーザー属性情報の表示
- ユーザーの物理削除
- ログアウト

　マイページでは、ユーザーのディスプレイネームとメールアドレスを表示します（図7.2）。
［退会］ボタンを押すとGoogleの認証画面を表示を表示し、認証に成功するとユーザーを物理
削除します。また、右上の［ログアウト］ボタンからログアウトできます。

図7.2 マイページ

7.1.2 サンプルアプリの構成

サンプルアプリの構成を図7.3に示します。大きく、JavaScript、HTML、CSSによるフロントエンドとNode.jsによるバックエンドに分かれています。

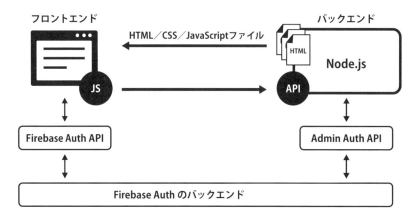

図7.3 構成図

フロントエンド

フロントエンドはHTML、CSS、JavaScriptにより構成されています。

フロントエンドでは、Firebase AuthのAPIを介してFirebase Authの各種機能を利用します。また、バックエンドが提供するWeb APIにリクエストを送信し、バックエンドと連携して先に説明した機能を実現します。

フロントエンドはログイン状態を検知して、ログイン画面とマイページを切り替えます。

■ バックエンド

バックエンドの主な役割は、フロントエンドに対してWeb APIを提供することです。また、このアプリでは構成を単純化するためにHTML、CSS、JavaScriptファイルのホスティングも行っています。

バックエンドからFirebase Authの機能を利用するためにはAdmin Auth APIを利用します[1]。Admin Auth APIを利用するためにはバックエンドにFirebase Admin SDKを導入します。

今回のサンプルアプリでは、Admin Auth APIを以下の目的で利用します。

- セッショントークンの払い出し
- セッショントークンの検証
- ユーザーの削除

7.1.3　Firebase Auth の ID トークン

このあと説明するバックエンドのセッション管理において、Firebase Authが発行するIDトークンが重要な役割を果たします。本項ではこのIDトークンについて解説します。

さらっと「Firebase Authが発行するIDトークン」と書きましたが、「IDトークンはIdPが発行するのでは?」と疑問に思った方もいるかもしれません。そこで、第3章でも示した図(図7.4)を使ってここで説明します。

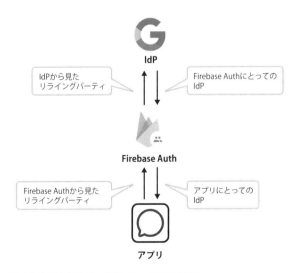

図7.4　IdPとリライングパーティの関係 (再掲)

※1　https://firebase.google.com/docs/auth/admin?hl=ja

　第3章で少し述べたように、IdPから見たリライングパーティはFirebase Authであり、アプリではありません。そして、IdPを「ユーザー認証を代行して、ユーザーの属性情報を提供するもの」だと捉えると、Firebase Authとアプリの間にもIdPとリライングパーティの関係が成立しているといえます。

　実際、Firebase Authはアプリに対して独自のIDトークンを発行します。このIDトークンにおけるユーザー識別子（後述のsub）はFirebase Authにおけるユーザー識別子であり、署名はFirebase Authによって行われています。つまり、IDトークンの発行という観点でも、Firebase Authは紛れもないIdPなのです。

　次にFirebase AuthがIDトークンを発行する流れを見てみましょう（図7.5）。

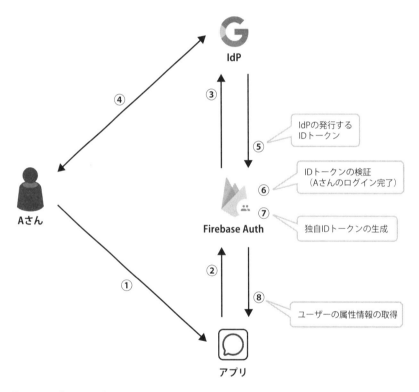

図7.5　Firebase　IDトークン

　この図は、第3章で紹介した「Firebase Authがある場合のソーシャルログインのやり取り」と同じものを表現しています。おさらいすると①から④でIdPにより認証が行われると、⑤でIdPによってIDトークンが発行され、⑥でリライングパーティであるFirebase AuthがIDトークンの検証を行います。そうして、Firebase Auth上でAさんはログイン状態になります。と、ここまでは第3章で説明しましたが、実は、ここで同時にFirebase Authが独自のIDトークン

を生成しています。

　このIDトークンは⑧のレスポンスには含まれていませんが、図7.6に示すようにアプリが Firebase Auth の API を介してIDトークンをリクエストすると、アプリは Firebase Auth が発行したIDトークンを取得できます。

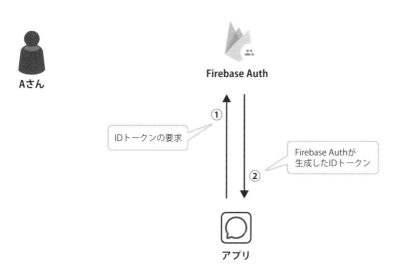

図7.6　IDトークンの取得

　この点は、IdPとは動きが異なります。IdPは、IdPでの認証が完了した直後にIDトークンをリライングパーティに渡します。一方、IdPとしてのFirebase Authは、リライングパーティであるアプリから要求されて初めてIDトークンを渡します。また、IDトークンの要求はユーザー認証直後に限らず、任意のタイミングで可能となっています。

　もう1つ、通常のIdPと異なるのは、Firebase Authがリライングパーティでもあるため、自分にとってのIdPの情報を含んでいることです。もしユーザーが複数のIdPとID連携している場合は、複数のIdPの情報が含まれます。

　Firebase Authが発行したIDトークンのペイロードをエンコードしたものを以下に示します。なお、これはGoogleアカウントとGitHubアカウントの両方と連携しているユーザーのものです。

```
{
  "name": "Auth 屋 ",
  "picture": "https://lh3.googleusercontent.com/a-/AFdZucpdLGieVVdjvd9OdVOGtQ06OlwoKgas
5vVetC1F=s96-c",
  "iss": "https://securetoken.google.com/social-login",
  "aud": "social-login",
```

```
    "auth_time": 1660899359,
    "user_id": "cMnogcP5XfkYxwmomcWRWGKHgB4Zgk2",
    "sub": "cMnogcP5XcwmosmowfYsTRWGKHgB4Zgk2",
    "iat": 1660899359,
    "exp": 1660902959,
    "email": "authya@example.com",
    "email_verified": true,
    "firebase": {
      "identities": {
        "google.com": [
          "111405717193230622227713"
        ],
        "github.com": [
          "1985504"
        ],
        "email": [
          "authya@example.com"
        ]
      },
      "sign_in_provider": "google.com"
    }
}
```

代表的な項目を以下に示します[2]。

- sub：ユーザー識別子
- exp：IDトークンの有効期限の UNIX タイム
- iat：IDトークンの発行日時の UNIX タイム
- auth_time：ユーザーが認証を行った日時の UNIX タイム
- aud：IDトークンの発行先の Firebase プロジェクトの識別子。これは、管理コンソールで確認できる
- iss：本来は ID トークンの発行元を表す。Firebase Auth 発行の ID トークンでは "https:// securetoken.google.com/<プロジェクト識別子>" の形式になっている

　この ID トークンの利用方法は次の項で説明します。

---

[2] 以下の公式ドキュメントにはここで説明した項目以外の項目については説明がありませんでした。
https://firebase.google.com/docs/auth/admin/verify-id-tokens?hl=ja#verify_id_tokens_using_a_third-party_jwt_library

7.1.4 バックエンドとのセッション管理

Firebase Authが提供するセッション管理機能では、**セッショントークン**を利用します[3]。セッショントークンとはAdmin Auth APIによって、IDトークンと引き換えに取得できるものであり、実体はユーザー属性情報とアプリが指定した有効期限を含んだJWTになります。このセッショントークンをクッキーに設定してセッション管理を行います。

ソーシャルログインからクッキーへのセッショントークン設定の流れを図7.7に示します。

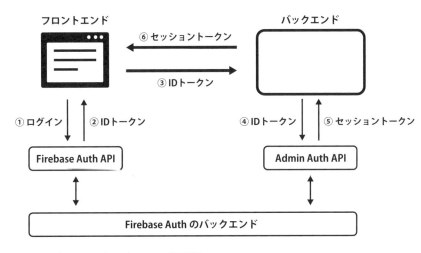

図7.7　Firebase　Authとバックエンドの関係

① フロントエンドでソーシャルログインの Firebase Auth API を呼び出す

② ログインが完了すると、フロントエンドにて ID トークンを取得する

③ フロントエンドからバックエンドに ID トークンを送信する

④ バックエンドは Admin Auth API を使ってセッショントークンをリクエストする。このとき引数で ID トークンを渡す。また、有効期限を 5 分から 2 週間の間で指定する

⑤ Admin Auth API よりセッショントークンが返ってくる

⑥ バックエンドはクッキーにセッショントークンを設定する

　以降、バックエンドは、フロントエンドからのアクセスに対して、クッキーのセッショントークンを抽出し、有効性の検証を行い、同時にユーザーの属性情報を取得します。

※3　https://firebase.google.com/docs/auth/admin/manage-cookies?hl=ja

> **Column** **Firebase AuthのIDトークンをセッショントークンとして使えるか**
>
> 「わざわざIDトークンからセッショントークンに変換する必要あるのだろうか。IDトークンをセッショントークンとして使えばいいのではないか」と思った方もいるかもしれません。
>
> 確かに、Firebase AuthのIDトークンの以下の特徴[4]を見ると、そのように考えたくなるのもわかります。
>
> - 有効期限は1時間。IDトークンにしては長め
> - IDトークンを取得した際に、一緒に取得する更新トークンを使うことで新しいIDトークンを取得できる[5]
> - 任意のタイミングでいつでもIDトークンを取得できる
> - IDトークンの中身は「ログイン中のユーザー情報」を示しているようにも見える
>
> サーバーサイドでの検証はverifySessionCookie()の代わりにverifyIdToken()を使うことになりますが、verifyIdToken()でもユーザーの無効化を検知できるようです。
>
> したがって、調べた限り、違いはセッショントークンが生成時に有効期限の設定が可能であるのに対して、IDトークンは1時間に固定されていることだけでした。
>
> 以上のことから、アプリの実装として有効期限1時間で問題ない場合に限り、IDトークンをセッショントークンとして実質的に利用できそうにも思えます。しかし有効期限が1時間である理由は不明であり、仕様が今後変わる可能性も考えると、やはりIDトークンは本来の「その瞬間の状態を表したもの」として扱うべきだと考えます。

7.2 サンプルアプリの準備

本節ではプロジェクトの作成、ディレクトリの作成、ライブラリのインストールなどサンプルアプリを作成するための準備を行います。

7.2.1 Firebase コンソールでの準備

まずはFirebaseコンソールで準備を行います。

以下の設定を行ってください。カッコ内には詳細な説明を行っている箇所を記載しています。やり方を忘れた場合はそちらをご参照ください。

これらは、GitHubログインを有効化していないだけで、他は基本的に第6章で使っていたプ

※4 「Firebase Auth の ID トークンの特徴」と述べましたが、必ずしも OpenID Connect の仕様と大きく違うわけではありません。
※5 https://firebase.google.com/docs/auth/admin/manage-sessions?hl=ja

ロジェクトと同じです。そのため、第6章までに使っていたプロジェクトを使い回してもかまいません。

1. プロジェクトの作成（2.2.1項）
2. ウェブアプリの登録（2.2.2項）
3. Googleログインの有効化（2.2.3項）
4. メールリンクログインの有効化（5.2.1項）

7.2.2　ディレクトリ構成

サンプルアプリ完成時のディレクトリ構成は以下のとおりです。

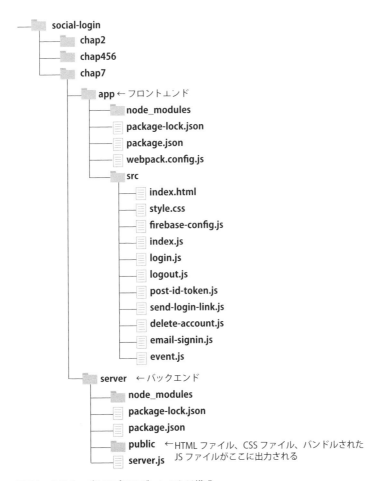

図7.8　本章サンプルアプリのディレクトリ構成

　appディレクトリには、フロントエンドに関係するファイルが入ります。その下のsrcディレクトリにindex.html、style.css、および、このあと作成する各種JSファイルを配置します。なお、index.htmlとstyle.cssについては第6章までのもののサブセットなので、特に解説はしません。サンプルコードのファイルからapp/src配下にコピーしてください。また今回は、npm run buildコマンドを打つとserver/publicの下に各種ファイルが出力されるようにコマンドを定義します。

　serverディレクトリ配下にはバックエンドに関するファイルが置かれていますが、編集するのはserver.jsのみです。server.jsを起動するとウェブサーバーが立ち上がり、publicディレクトリに配置されているHTML、CSS、JSファイルを配信します。

　では、必要なディレクトリを作成していきます。social-loginディレクトリの配下にchap7ディレクトリを作成し、cdコマンドでchap7ディレクトリに移動して、さらにその配下にapp/src、server/publicの各ディレクトリを作成してください。

```
$ mkdir -p app/src

$ mkdir -p server/public
```

7.2.3　フロントエンドの準備

■ ライブラリのインストール

フロントエンドの開発のために以下のライブラリをインストールします。

- firebase
- js-cookie

　firebaseはFirebase Authを利用するためのものであり、js-cookieはクッキーの値を操作するために利用します。いずれも詳細は後述します。

　さっそく、appディレクトリで以下のコマンドを実行してインストールしましょう。

```
$ npm install firebase js-cookie
```

　package.jsonとpackage-lock.jsonの2つのファイルと、node_modulesディレクトリが自動生成されます。

webpack の準備

　作成したJavaScriptのコードをバンドルするためにwebpackを導入します。さらに第4章と同じく、Mac、Windows PCの両方で動作するファイル削除コマンドを作成するためにrimrafをインストールします。

　インストールするパッケージは以下のとおりです。

- webpack
- webpack-cli
- copy-webpack-plugin
- rimraf

　それでは、appディレクトリで以下のコマンドを実行してインストールしましょう。なおその際、開発用であることを示す「-D」オプションを忘れずに付けてください。

```
$ npm install -D webpack webpack-cli copy-webpack-plugin rimraf
```

　続いて、appディレクトリ配下にwebpack.config.jsを作成し、リスト7.1の内容を記述してください。

リスト7.1　webpack.config.js

```js
const CopyPlugin = require("copy-webpack-plugin");

module.exports = {
  mode: "production",
  entry: {
    index: "./src/index.js",
  },
  output: {
    path: `${__dirname}/../server/public`,
    filename: "[name].bundle.js",
  },
  plugins: [
    new CopyPlugin({
      patterns: [
        {
          from: `${__dirname}/src/index.html`,
          to: `${__dirname}/../server/public/index.html`,
        },
        {
          from: `${__dirname}/src/style.css`,
```

```
        to: `${__dirname}/../server/public/style.css`,
      },
    ],
  }),
  ],
};
```

src配下のindex.jsをエントリーポイントとしてビルドし、server/publicの配下にindex.
bundle.jsとして出力するように設定しています。これは第4章で作成したものとほぼ同じです
が、ビルド後のファイルの出力先がserver/public配下になっている点に注意しましょう。

index.htmlとstyle.cssも同じくserver/public配下になっています。設定ファイルは、app
ディレクトリ配下でコマンドを打つ想定で「../server/public」と指定しています。

それから、package.jsonにリスト7.2のビルドコマンドを定義します。

リスト7.2　package.json

```
  "scripts": {
    "clean": "rimraf ../server/public/*",
    "build": "npm run clean && webpack --config webpack.config.js"
  }
```

package.jsonの全体はリスト7.3のようになります。

リスト7.3　package.json（全体）

```
{
  "devDependencies": {
    "copy-webpack-plugin": "^11.0.0",
    "rimraf": "^3.0.2",
    "webpack": "^5.74.0",
    "webpack-cli": "^4.10.0"
  },
  "dependencies": {
    "firebase": "^9.9.2",
    "js-cookie": "^3.0.1"
  },
  "scripts": {
    "clean": "rimraf ../server/public/*",
    "build": "npm run clean && webpack --config webpack.config.js"
  }
}
```

これで、appディレクトリにて以下のコマンドを実行するとserver/public配下にHTML、
CSS、JSファイルが出力されます。

```
$ npm run build
```

firebase-config.js

app/srcディレクトリの配下にfirebase-config.jsを準備します。第4章を参考にFirebase
Authの管理画面から情報を取得してfirebase-config.jsを記述してください。

サンプルをリスト7.4に示します。

リスト7.4　firebase-config.js

```
const firebaseConfig = {
  apiKey: "AIzaSyBcmwokaIP9s8CAVJyhMZzprD_xOkakqHU58",
  authDomain: "social-login.firebaseapp.com",
  projectId: "social-login-chap7",
  storageBucket: "social-login.appspot.com",
  messagingSenderId: "6422133844698",
  appId: "1:6422133844698:web:b178e1cbd2cmasomo59ae4dc3",
};

export default firebaseConfig;
```

style.css と index.html

CSSファイル（style.css）とHTMLファイル（index.html）は、ダウンロードサンプル（付
属データ）からコピーしてchap7/app/srcに置いてください。

7.2.4　バックエンドの準備①：express とライブラリの導入

ここからは、バックエンドを構築するための準備を行います。

バックエンドの開発には、Node.js上で動作するウェブアプリフレームワークである**express**
を利用します。expressにはウェブアプリを構成するための機能が一通りそろっており、ミドル
ウェアを追加することで機能を拡張できます。

クッキーの扱いを容易にするためのexpressのミドルウェア、**cookie-parser**も一緒にインス
トールします。cdコマンドでserverディレクトリに移動し、以下のコマンドを実行します。

```
$ npm install express cookie-parser
```

7.2.5　バックエンドの準備②：Firebase Admin SDK の導入

　バックエンドからFirebase Authの機能を利用するために、**Firebase Admin SDK** を導入します。Firebase Admin SDKは、Firebaseの各種機能をバックエンドから呼び出すためのライブラリであり、Firebase Authを利用するための **Admin Auth API**[6]もこれに含まれます。なお、Firebase Admin SDKには今回利用するNode.js版も含めて、各種プログラミング言語用のものが準備されています[7]。

　では、Firebase Admin SDKのインストールのため、serverディレクトリで以下のコマンドを実行してください。

```
$ npm install firebase-admin
```

　Firebase Admin SDKを利用するためには、Googleサービスアカウント（以下サービスアカウント）にひも付く秘密鍵をサーバーサイドのプログラムに設定する必要があります。サービスアカウントとは、個々のエンドユーザーではなく、サーバーサイドのシステムに権限を付与するためのGoogleアカウントであり、FirebaseやGoogle Cloudのサービスへのアクセスを管理するために利用します。なお、Firebaseプロジェクトを生成した時点でサービスアカウントは自動的に作られています。

　サンプルアプリのバックエンドにサービスアカウントを設定するために、以下の2つの作業を行います。

1. サービスアカウントの認証情報を含む構成ファイルをダウンロードする
2. 環境変数 `GOOGLE_APPLICATION_CREDENTIALS` に認証情報ファイルのパスを設定する

■ 1. サービスアカウントの認証情報を含む構成ファイルをダウンロードする

　ここからはFirebaseコンソールで操作を行います。このアプリのプロジェクト画面にアクセスして以下の操作をしてください（図7.9）。

1. Firebase コンソールの左ペインの設定ボタン（歯車アイコン）を選択
2. ［サービスアカウント］タブを選択
3. 画面中央にある［Admin SDK 構成スニペット］から［Node.js］を選択
4. ［新しい秘密鍵の生成］ボタンをクリックする

※6　https://firebase.google.com/docs/auth/admin?hl=ja
※7　https://firebase.google.com/docs/admin/setup?hl=ja

図7.9　秘密鍵生成①

　図7.10の画面が開くので、［キーを生成］ボタンをクリックします。

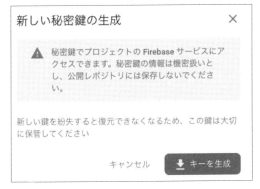

図7.10　秘密鍵生成②

　すると「＜プロジェクト名＞-firebase-adminsdk-***.json」という名前のJSONファイルがダウンロードされます。これが「サービスアカウントの認証情報を含む構成ファイル（認証情報ファイル）」であり、その中身はリスト7.5のようになっています。

リスト7.5　認証情報ファイル

```
{
  "type": "service_account",
  "project_id": "social-login-chap7",
  "private_key_id": "edb7b696503ffjsdujmsmixsfce4c8fcdcfe647efe625",
  "private_key": "-----BEGIN PRIVATE KEY-----\nMIIEvQIBADANBgkqhkiG9w0BAQEFAASCBKcwggSjAgEAAoI
BAQCIpBldaSjJTb/1\nsGlpAY/7wUWeK5x5gVFuGMoOnz1mdsuoLNsRcHWPcahCn+ZilCCQLGxJd/MUrU04\nllTgrIzQ3
ork+mbUrfNUzIucHFXKEzNSwJ/IyyiCyUq3caBzQ7OgeUcjzgkqf\n3Z4Dm17APbSrdDt4qylJ7FbHLYBWHO0Zl1Ye3
W4zXyV77+vWrrUJ6inXK/kw6qhOWVgVhNdaljfaKjmocavrawPfQ9IPu7wyc7g+b\nXtCPy2l1So1gUCTB4KktGABIeh+33Uu
yGEiRJNzbvMdumiS9KKj4DFLbdDtxxHcy\nXLJIP7mYsu+aJiHRCQftPW4ANrWGANosvDMAQNj0ME5V9HGC5k2qzBASgOlU
BvK\nZ5qYUShO/gdPSK7QACuCoow=\n-----END PRIVATE KEY-----\n",
  "client_email": "firebase-adminsdk-k999t@social-login.iam.gserviceaccount.com",
  "client_id": "105358306217263394905225",
  "auth_uri": "https://accounts.google.com/o/oauth2/auth",
  "token_uri": "https://oauth2.googleapis.com/token",
  "auth_provider_x509_cert_url": "https://www.googleapis.com/oauth2/v1/certs",
  "client_x509_cert_url": "https://www.googleapis.com/robot/v1/metadata/x509/
firebase-adminsdk-k999t%40social-login.iam.gserviceaccount.com"
}
```

■ 2. 環境変数 GOOGLE_APPLICATION_CREDENTIALS に認証情報ファイルのパスを設定する

認証情報ファイルを適当な場所に置いたうえで、環境変数「GOOGLE_APPLICATION_CREDENTIALS」として認証情報ファイルのパスを設定します。本書では例としてホームディレクトリの中のcredentialsというディレクトリ (~/credentials) にファイル名「social-login-firebase-adminsdk-k999t-68fcc9068b.json」という名前で配置しています。

Macで環境変数を設定するには、.zshrcなど利用しているシェルの設定ファイルに以下のように書き込みます。ファイル名やパス (~/credentials) はご自分の環境に合わせてください。

```
export GOOGLE_APPLICATION_CREDENTIALS=~/credentials/social-login-firebase-adminsdk-
k999t-68fcc9068b.json
```

そのあと、以下のコマンドを実行してファイルを読み込んでください。

```
$ source ~/.zshrc
```

Windows PCの場合は、PowerShellで以下のコマンドを実行してください。これも同様にファイル名やパスはご自分の環境に合わせてください。

```
> env:GOOGLE_APPLICATION_CREDENTIALS="~\credentials\social-login-firebase-adminsdk-↵
3s5jf-9ce08a0adb.json"
```

　このファイルは秘密鍵を含んでいるので公開してはいけません。誤ってGitHubで公開したり、ウェブに公開するディレクトリに配置したりしないように気を付けてください。

　以上で、バックエンドがAdmin Auth APIを使うための準備は完了です。本書ではローカル環境でバックエンドのサービスを起動する前提で説明しましたが、AWSなどのクラウドサービスにデプロイする場合は、そちらの環境にて、JSONファイルの配置と環境変数の設定を行ってください。

Column　Firebase Admin SDK はクライアントサイドでは使えない

　今回、Admin Auth APIを使うためにFirebase Admin SDK（以下、Admin SDK）を導入しましたが、このAdmin SDKはサーバーサイドでしか利用できません。なぜなら、Admin SDKは認証情報ファイルの秘密鍵を使ってAPIを呼び出すからです。

　Admin SDKは、管理者権限で各種の操作ができるため、ユーザーをすべて削除する、といった強力な操作も可能です。もし認証情報ファイルが漏洩すると、あなたのプロジェクトに対して第三者が管理者権限でアクセスできてしまいます。誤って公開してしまわないように、また、認証情報を秘匿できないクライアントサイドで使わないように、取り扱いには十分注意してください。

　次の節から実装を始めるので、その前にアプリの起動と動作確認方法について説明しておきます。

　まず、appディレクトリで以下のコマンドを実行してビルドしてください。

```
$ npm run build
```

　これでHTML、CSS、JSファイルがserver/public配下に出力されます。

　次にserverディレクトリで以下のコマンドを実行し、バックエンドを立ち上げます。

```
$ node server.js
```

　ここまでできたら、ブラウザで「http://localhost:4000/index.html」にアクセスすることでサンプルアプリの動作確認が行えます。

7.3 ファイル配信

　各機能を実装する前に、ファイル配信部分（リスト7.6）について見ていきます。サンプルアプリでは、バックエンドがHTML、CSS、JavaScriptの各ファイルを配信します。

リスト7.6　server.js

```javascript
const express = require("express");
const { initializeApp } = require("firebase-admin/app");
const { getAuth } = require("firebase-admin/auth");
const cookieParser = require("cookie-parser");
const crypto = require("crypto");

initializeApp();

const app = express();
app.use(cookieParser());
app.use(express.json());
const port = 4000;

app.get("/index.html", async (request, response) => {
  try {
    const options = {
      httpOnly: false, // フロントエンドで読み取るために false にする
      secure: false,   // http://localhost のため false にする
    };

    // ランダム文字列で csrfToken 生成
    const csrfToken = crypto.randomBytes(30).toString("base64url");
    response.cookie("csrfToken", csrfToken, options);
    response.sendFile(__dirname + "/public/index.html");
  } catch {
    response.status(500).json({ error: "unexpected_error" });
  }
});

app.get("/style.css", async (request, response) => {
  try {
    response.sendFile(__dirname + "/public/style.css");
  } catch {
    response.status(500).json({ error: "unexpected_error" });
  }
});

app.get("/index.js", async (request, response) => {
  try {
    response.sendFile(__dirname + "/public/index.bundle.js");
  } catch {
```

```
    response.status(500).json({ error: "unexpected_error" });
  }
});
```

　前半は各ライブラリのインポートと初期化を行っています。その際、サーバーを立ち上げたときのポートは4000番に設定しています。

　以降はpublicディレクトリ配下にあるindex.html、style.css、index.bundle.jsを配信している部分です。リクエストのパスにあわせて対応するファイルを配信しています。

　index.htmlを配信する部分では、CSRF対策トークンをランダム文字列として生成しています。サンプルアプリではフロントエンドにCSRF対策トークンを渡す手段として、httpOnly属性をfalseにしたクッキーを利用します。また、サンプルアプリはlocalhostでの起動を想定しているので、secure属性もfalseにしていますが、実際のアプリではhttpsでのアクセスに限定するようにsecure属性はtrueにしてください。

7.4　ログイン

　以降では各機能のバックエンドとフロントエンドを実装します。サンプルアプリの機能は以下の3つとなります。

- ログイン（メールログインを含む）
- ログアウト
- 退会

　これらすべての機能において、フロントエンドとバックエンドが情報をやりとりします。

　以降の各節では、実装に入る前にこれらの情報のやり取りをシーケンス図で整理します。そのあと、バックエンドのAPIの実装の解説、続いて、フロントエンドの実装の解説、という順番で進めます。

　本節ではログイン機能を解説します。なお、このサンプルアプリでは、新規登録時のメールアドレスの所持確認および仮登録状態は省略しており、新規のユーザーがログインした場合はそのまま新規登録します。実際のアプリでは、ここまでの4つの章で解説したとおり、メールアドレスの到達確認や仮登録状態を実装してください。

7.4.1　シーケンス図

　ログインのシーケンス図を図7.11に示します。フロントエンドからバックエンドへの矢印は、フロントエンドのJavaSciptからバックエンドのAPIへのアクセスを表現しています。また、フ

ロントエンドからFirebase Authへの矢印は、フロントエンドでFirebase AuthのAPIを利用したことを意味します。さらにバックエンドからAdmin Auth APIへの矢印は、バックエンドでAdmin Auth APIを利用したことを意味します。

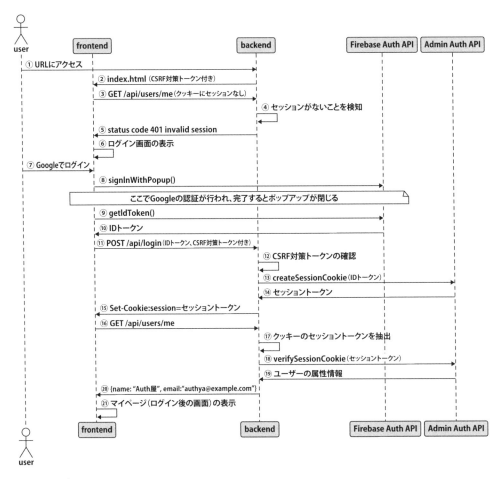

図7.11 ログインシーケンス

① ユーザーがサンプルアプリの URL にアクセスする

② HTML ファイルがブラウザにダウンロードされる。このときクッキーに CSRF 対策トークン（後述）を設定する

③ フロントエンドから、バックエンドの API「GET /api/users/me」を呼び出して、ユーザーの属性情報を要求する

④ バックエンドは、クッキーにセッショントークンがないことを検知する

⑤　ステータスコード 401「invalid session」のエラーを返す

⑥　フロントエンドがログイン状態ではないことを検知し、ログイン画面を表示する

　⑥は、フロントエンドの処理のポイントの1つです（詳細は後述）。

⑦　ユーザーが［Google でログイン］ボタンを押す

⑧　Firebase Auth API の sighnInWithPopup() を使って、Google IdP のユーザー認証画面を表示する（その後、ユーザーと Google IdP の間で処理処理を行う）

⑨～⑩　Google の認証が終わると Firebase Auth API の getIdToken() を使って、ID トークンを取得する

⑪　取得した ID トークンをバックエンドに送信する

　⑪ではクロスサイトリクエストフォージェリー（CSRF）対策のため CSRF 対策トークン（後述）も一緒に送付しています。

　なお、その CSRF 対策トークンは②で index.html を読み込んだとき、クッキーに設定されているものです。

⑫　CSRF 対策トークンを確認する

⑬～⑭　バックエンドが、Admin Auth API の createSessionCookie() を使って、ID トークンからセッショントークンを取得する

⑮　バックエンドがレスポンスのクッキーにセッショントークンを抽出する

⑯　フロントエンドが、バックエンドの API「GET /api/users/me」を呼び出して、ユーザーの属性情報を要求する

⑰　バックエンドがクッキーのセッショントークンを取得する

⑱～⑲　Admin Auth API の verifySessionCookie() で、セッショントークンの有効性を検証しつつ、返り値としてユーザーの属性情報を取得する

⑳　バックエンドからユーザーの属性情報が返ってくる

㉑　マイページを表示する

　さてここで、③と⑯で「GET /api/users/me」のリクエストを投げている意味について補足しておきます。

　後述するように、「GET /api/users/me」はセッションに対応するユーザーの属性情報を取得する API ですが、フロントエンド側でログインしているかどうかを確認するためにも使います。

　サンプルアプリでは、httpOnly 属性を true にしたクッキーを使ってバックエンドでセッションを管理します。

httpOnly属性がtrueの場合、フロントエンドのJavaScriptからクッキーにアクセスできないので、セッションの有無を確認するためのWeb APIをバックエンドで提供する必要があります。

今回は、そうしたAPIを別途設けるのではなく、ユーザーの属性情報取得APIである「GET /api/users/me」を利用します。このAPIはログイン中はユーザーの属性情報を返し、ログアウト中場合はエラーを返すので、フロントエンドはリクエストの返り値でセッションの有無を判断できます。

したがって、フロントエンドは「index.htmlの読み込み時」「Google認証直後」など、ログイン状態の判断が必要なタイミングで「GET /api/users/me」のリクエストを投げます。

CSRFへの対策

ログインの実装に入る前に、ログイン時のCSRFへの対策について解説します。セッショントークンをバックエンドに送信するときに対策をしない場合、成立しうる攻撃について見ていきます。図7.12に攻撃の流れを示します。

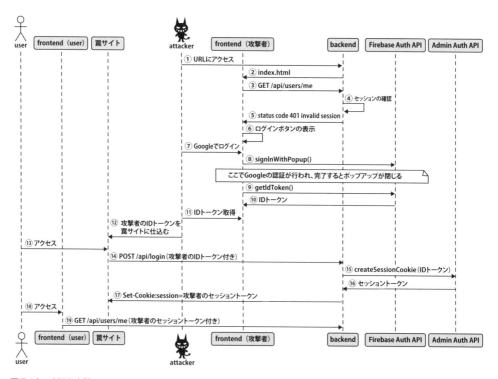

図7.12　CSRF攻撃

図中の①から⑩までは、攻撃者がアプリにアクセスしてログインを行う流れを示しています。

⑪　攻撃者は ID トークンを取得する

⑫　攻撃者は罠サイトに自分の ID トークンを仕込む

⑬　第三者がこの罠サイトにアクセスする

⑭　罠サイトが攻撃者の ID トークンをバックエンドに POST する

⑮〜⑰　クッキーに攻撃者のセッショントークンが設定される

　以降、このブラウザーからバックエンド向けのアクセスには攻撃者にひも付くセッショントークンがクッキーに設定されます。

⑱　このユーザーがアプリにアクセスする

⑲　攻撃者のセッショントークンがバックエンドに送信されて、攻撃者のユーザーとしてログインした状態になる

　以上で攻撃は完了です。このあと、攻撃を受けたユーザーがアプリ内で個人情報やクレジットカード情報を保存してしまうと、後ほど攻撃者によってその情報にアクセスされる可能性が生じます。

　サンプルアプリでは、この攻撃に備えるために**CSRF対策トークン**を導入しました。CSRF対策トークンとは、ログアウト状態でアクセスされた際に生成するランダムな文字列です。

　CSRF対策トークンが攻撃を防ぐ仕組みを図7.13に示します。図中①から⑫までの「攻撃を仕込むまでの流れ」はほぼ同じです。違いは、図中の②で攻撃者がアプリにアクセスしたときにCSRF対策トークンがクッキーにセットされることです。

　このクッキーはHttpOnly属性をfalseにしているため、ブラウザ上で動作するアプリからアクセス可能です。ただし、アクセスできるのは生成元が同じアプリからのみなので、originが異なる罠サイトからは、アクセスできません。

　したがって、図中⑭でIDトークンを送信する際に加えて、CSRF対策トークンも送信する必要がありますが、罠サイトでは CSRF対策トークンを知るすべがないため、正しいCSRF対策トークンを設定して、送ることができません。また、originの異なる罠サイトが、アプリのクッキーを操作してボディとクッキーに新たに生成した値を設定することもできません。したがって、図中⑮でバックエンドがクッキーとボディのCSRF対策トークンの一致を確認するところで不正を検知してエラーを返します。

📋 **note**

そもそもクッキーのsamesite属性をNoneに設定していなければ、POSTの送信でクッキーにCSRF対策トークンが設定されることはありません。したがって、上記で説明したCSRF対策トークンがなくても、CSRFの攻撃が成立することはないはずですが、ここではバックエンドでの対策をしつつ、さらにフロントエンドでも明示的にCSRF対策を行う例として紹介しました。

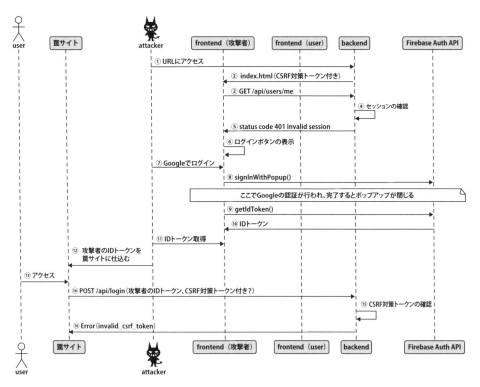

図7.13　CSRF対策トークンでの対策

　ログインのシーケンスについては一通り説明が終わったので、次から実装に入ります。

7.4.2　バックエンドAPI①：POST /api/login

　ここからログインシーケンスに必要なバックエンドのAPIを作成します。仕様を説明したあと、実装を進めます。

　まずは、図7.11の⑪に示した、IDトークンをバックエンドに送信するAPIについて説明します。フロントエンドはIDトークンと、CSRF対策トークンをバックエンドに送信します。

このリクエストのタイミングではセッションは開始していないので、クッキーにセッショントークンは設定されていません。

```
POST /api/login HTTP/1.1
Content-Type: application/json
Cookie: csrfToken=9ecy5QW5FJdfcbQIW2AFpjxcQ7y65WSphsDIdaas

{
  "idToken": "eyJhbGciOiJS.....Tm-EdDV8T2upO6FfV1IKs1zW4kGJ7Ci0u_Q",
  "csrfToken": "9ecy5QW5FJdfcbQIW2AFpjxcQ7y65WSphsDIdaas"
}
```

リクエストを受けたバックエンドは、クッキーのCSRF対策トークンとボディのCSRF対策トークンが一致していることを確認し、ボディのIDトークンからセッショントークンを生成します。
そして、レスポンスのクッキーにセッショントークンを設定します。

```
HTTP/1.1 201 Created
Content-Type: application/json
Set-Cookie: session=eyJhbGciOiJSUz...KUvIomE9a8H0aMhtWVIVZyMDgcZFQ

{}
```

CSRF対策トークンが含まれていない場合、あるいはクッキーとボディの値が一致しない場合は以下のエラーを返します。

```
HTTP/1.1 401 Unauthorized
Content-Type: application/json

{
  "error": "invalid_csrf_token"
}
```

IDトークンが含まれていないか、有効期限切れなどで無効の場合は以下のエラーを返します。

```
HTTP/1.1 400 Bad Request
Content-Type: application/json

{
  "error": "invalid_id_token"
}
```

実装

実装をリスト7.7に示します。

リスト7.7　server.js

```javascript
app.post("/api/login", async (request, response) => {
  const { idToken, csrfToken } = request.body;

  if (csrfToken !== request.cookies?.csrfToken) {
    response.status(401).json({ error: "invalid_csrf_token" });
    return;
  }

  const expiresIn = 5 * 60 * 1000;
  try {
    const sessionToken = await getAuth().createSessionCookie(idToken, {
      expiresIn,
    });
    const options = {
      maxAge: expiresIn,
      httpOnly: true,
      secure: false, // http://localhost のため false にする
    };
    response.cookie("session", sessionToken, options);
    response.status(201).json({});
  } catch (error) {
    response.status(400).json({ error: "invalid_id_token" });
  }
});
```

Admin Auth APIの`getAuth().createSessionCookie()`でIDトークンからセッショントークンを生成しています。なお、第2引数はセッショントークンの有効期限であり、これはそのあとの`option`の中で指定しているクッキーの有効期限と合わせておきます。

クッキーのオプションとして、`secure`属性を`false`にしています。これは、今回のサンプルでのバックエンドがローカルで起動している前提であり、HTTPでのアクセスになるためなのですが、本来はHTTPSでのアクセスを想定して`true`にするべきです。

なお、POSTリクエストのためレスポンスのステータスコードは201（Created）にしています。

7.4.3　バックエンドAPI ②：GET /api/users/me

図7.11の③と⑯で利用します。ユーザーの属性情報を提供するAPIであり、フロントエンドがログイン状態を確認するためにも使います。

リクエストのクッキーにはセッショントークンが含まれていなければなりません。

```
GET /api/users/me HTTP/1.1
Cookie: session=eyJhbGciOiJSUz...KUvIomE9a8H0aMhtWVIVZyMDgcZFQ
```

リクエストを受け取ったバックエンドはセッショントークンからユーザーの属性情報を取得して、レスポンスを返します。

```
HTTP/1.1 200 OK
Content-Type: application/json
Set-Cookie: session=eyJhbGciOiJSUz...KUvIomE9a8H0aMhtWVIVZyMDgcZFQ

{
  "name":"Auth屋",
  "email":"authyasan@example.com"
}
```

クッキーにセッショントークンが含まれていない、もしくはセッショントークンの有効期限が切れているなど、無効な場合には以下のレスポンスを返します。

```
HTTP/1.1 401 Unauthorized
Content-Type: application/json

{
  "error": "invalid_session"
}
```

実装

実装をリスト7.8に示します。

リスト7.8　server.js

```
app.get("/api/users/me", async (request, response) => {
  const sessionCookie = request.cookies?.session;

  // loginしていない状態でのアクセス
  if (!sessionCookie) {
    response.status(401).json({ error: "invalid_session" });
    return;
  }

  try {
    const decodedClaims = await getAuth().verifySessionCookie(
```

```
      sessionCookie,
      true
    );

    response.status(200).json({
      name: decodedClaims.name,
      email: decodedClaims.email,
    });
  } catch (error) {
    response.clearCookie("session");
    response.status(401).json({ error: "invalid_session" });
  }
});
```

　ポイントはAdmin Auth APIのgetAuth().verifySessionCookie()です。ここで、リクエストのクッキーに含まれるセッショントークンからユーザーの情報を取得しています。その際、第2引数にtrueを設定することで「Firebase Authとのセッションが無効になったこと」「ユーザーが削除されたこと」「ユーザーが凍結状態であること」を検知できます。

Column　JWTを使ったユーザー情報の取得

　Firebase Authが払い出すIDトークンはJson Web Token（JWT）の形式であるため一般的なJWTのライブラリを用いて検証し、ログインしたユーザー識別子やその他の属性情報を取得することが可能です[8]。また、署名を検証するための公開鍵も以下のURLに公開されています。

- https://www.googleapis.com/robot/v1/metadata/x509/securetoken@system.gserviceaccount.com

　したがって、IDトークンに含まれるユーザー識別子（sub）にひも付けてセッショントークンやセッション識別子を独自に生成しセッションを管理することも可能です。
　ただし、JWTを検証するだけの独自セッション管理の場合は「Firebase Authとのセッションが無効になったこと」「ユーザーが削除されたこと」「ユーザーが凍結状態であること」を検知することはできません。通常はこれらを検知したうえで適切な処理を入れる必要があるので、素直にgetAuth().createSessionCookie()とgetAuth().verifySessionCookie()を用いることをおすすめします。

※8　https://firebase.google.com/docs/auth/admin/verify-id-tokens?hl=ja#verify_id_tokens_using_a_third-party_jwt_library

| Column | セッショントークンをデコードして得られる情報 |

getAuth().verifySessionCookie() の返り値としてユーザーの属性情報が取得できます。この中身を確認したところ、以下のようになっていました（GitHubアカウントとも連携したアカウントで確認しています）。

```
{
  "iss": "https://session.firebase.google.com/social-login",
  "name": "Auth屋 ",
  "picture": "https://lh3.googleusercontent.com/a-/AFdZucpdLGieVVdjvd9OdVOGtQ06OlwoKgas5vVetC1F=s96-c",
  "aud": "social-login",
  "auth_time": 1660981058,
  "user_id": "cMnogcP5XfkYxwmomcWRWGKHgB4Zgk2",
  "sub": "cMnogcP5XcwmosmowfYsTRWGKHgB4Zgk2",
  "iat": 1660981060,
  "exp": 1660981360,
  "email": "authyasan@example.com",
  "email_verified": true,
  "firebase": {
    "identities": {
      "google.com": [
        "11140571719323062227713"
      ],
      "github.com": [
        "1985504"
      ],
      "email": [
        "authyasan@example.com"
      ]
    },
    "sign_in_provider": "google.com"
  },
  "uid": "cMnogcP5XcwmosmowfYsTRWGKHgB4Zgk2"
}
```

これは7.1.3項で例示したIDトークンとほぼ同じであり、uidの項目だけが加わっているにすぎません。なお、IDトークンにおいてはsubがユーザー識別子ですが、この情報の中ではuidをユーザー識別子として使うのがFirebase Authのルールのようです。どちらも同じ値が入っているようです。

7

Firebase Auth 単体での利用

7.4.4 フロントエンド

ログインに関するバックエンドが一通りそろったので、次はフロントエンドでソーシャルログインとメールリンクログインを実装します。また、ログイン前後の画面の切り替えについて解説します。

■ 画面の切り替えの仕組み

まずはサンプルアプリでの画面の切り替えの仕組みについて説明します。

このサンプルアプリではログアウト状態でログインページを表示し、ログイン状態ではマイページを表示します。

これらは別のHTMLに分かれておらず、1つのHTMLファイル内でJavaScriptにより表示を切り替えています。そのため、ログイン状態が切り替わったことを検知する仕組みが必要です。第6章まではFirebase Authが提供するログインイベントリスナー OnAuthStateChanged() を利用していましたが、このサンプルアプリではバックエンドがクッキーのセッションの有無でログイン／ログアウト状態をコントロールするため、OnAuthStateChanged() は利用できません。

したがって、ログイン状態が切り替わったことを検知する仕組みとして「ログイン状態変化イベント」と「そのイベントを検知して画面切り替えを行うイベントリスナー」を自分で準備します。

まず、「ログイン状態変化イベント」を定義しているのがリスト7.9の部分です。

リスト7.9 event.js

```
const loginStatusChangeEvent = new Event("loginStatusChange");
```

「ログイン状態変化イベントを検知して画面切り替えを行うイベントリスナー」はリスト7.10になります。

リスト7.10 index.js

```
document.addEventListener("loginStatusChange", async () => {
  try {
    const response = await fetch("/api/users/me", {
      method: "GET",
    });

    if (!response.ok) {
      throw new Error("login error");
    }

    const responseJson = await response.json();
```

```
        document.getElementById("name").textContent = responseJson.name;
        document.getElementById("currentEmail").textContent = responseJson.email;
        document.getElementById("loginPage").style.display = "none";
        document.getElementById("myPage").style.display = "block";
      } catch (error) {
        document.getElementById("name").textContent = "";
        document.getElementById("currentEmail").textContent = "";
        document.getElementById("loginPage").style.display = "block";
        document.getElementById("myPage").style.display = "none";
      }
    });
```

　ログイン状態変化イベントが発火すると、まずは「GET　/api/users/me」のリクエストをバックエンドに送り、レスポンスによってログイン状態を判断します。エラーの場合はログアウト状態、成功の場合はログイン状態と判断し、CSSのdisplayプロパティを操作することで、画面の切り替えを実現しています。

　上記の仕組みを準備したうえで「ページ読み込み」「ログイン処理」「ログアウト処理」「エラー発生」など、ログイン状態が変わる処理の直後で「ログイン状態変化イベント」を発火させて、画面を切り替えます。

ページ読み込み時の処理

　ページ読み込み時の処理はリスト7.11のようになります。

リスト7.11　index.js

```
document.addEventListener("DOMContentLoaded", async () => {
  const auth = getAuth();
  // メールログインの処理
  if (isSignInWithEmailLink(auth, window.location.href)) {
    await handleEmailSignIn();
  }

  // ログイン状態に合わせた画面切り替え
  document.dispatchEvent(loginStatusChangeEvent);
});
```

　ページ読み込み時はまず、メールリンクによるアクセスか通常のアクセスかを判断します。メールリンクの場合はURLからそれを判断して処理を行います（処理内容は後述）。

　通常のログインの場合は、ログイン状態に合わせて画面を切り替えるために、ログイン状態変化イベントを発火させます。

Google ログイン

Googleログインの処理はlogin.jsにあります（リスト7.12）。

リスト7.12 login.js

```
import {
  getAuth,
  signInWithPopup,
  GoogleAuthProvider,
  getIdToken,
} from "firebase/auth";
import loginStatusChangeEvent from "./event";
import postIdToken from "./post-id-token";
import Cookies from "js-cookie";

// Google ログインボタンの処理
const googleLogin = async () => {
  const auth = getAuth();
  const provider = new GoogleAuthProvider();
  try {
    // popup で認証画面を出す
    const result = await signInWithPopup(auth, provider);

    // ID Token を取得する
    const idToken = await getIdToken(result.user, true);

    // Cookie から CSRF Token を取得する
    const csrfToken = Cookies.get("csrfToken");

    // ID Token をバックエンドに送信
    await postIdToken(idToken, csrfToken);
    document.dispatchEvent(loginStatusChangeEvent);
  } catch (error) {
    if (error.code === "auth/account-exists-with-different-credential") {
      alert(`${error.email} は他の SNS アカウントによるログインで登録済みです。`);
      return;
    }
    alert(`ログイン / 新規登録に失敗しました。\n${error.message}`);
  }
};

export default googleLogin;
```

　これまでの章との大きな違いは、Firebase AuthのAPIであるgetIdToken()でIDトークンを取得している部分と、postIdToken()でバックエンドにIDトークンを送信している部分です。198ページ、「CSRFの対策」で説明したとおり、このタイミングでクッキーからCSRF対策トークンを取得し、バックエンドにIDトークンを送信する際に、CSRF対策トークンも一緒に送信

しています。postIdToken()の実装はpost-id-token.jsに記述されています（リスト7.13）。

リスト7.13　post-id-token.js

```javascript
const postIdToken = async (idToken, csrfToken) => {
  const response = await fetch("/api/login", {
    method: "POST",
    headers: {
      "Content-Type": "application/json",
    },
    body: JSON.stringify({ idToken, csrfToken }),
  });

  if (!response.ok) {
    throw new Error("login error");
  }
  return;
};
export default postIdToken;
```

リクエストに成功した場合、バックエンドによってクッキーにセッショントークンがセットされます。そして最後に、ログイン状態変化イベントを発火させます。

メールリンクログイン

メールリンクログインのシーケンス図を図7.14に示します。

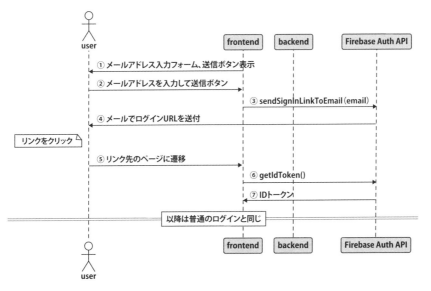

図7.14　メールリンクログインのシーケンス

　メールリンクログインといっても、基本的にはソーシャルログインのシーケンスと大きな違いはありません。ポイントはリンク先のURLから遷移してきたとき（図中⑤）にIDトークンを取得する処理（図中⑥）を入れることです。IDトークンを取得した以降の処理は、ソーシャルログインのシーケンス図（図7.11）で示したものと同じになります。

　実装は、リスト7.14のとおりです。

リスト7.14　email-signin.js

```
import { getAuth, getIdToken, signInWithEmailLink } from "firebase/auth";
import postIdToken from "./post-id-token";
import Cookies from "js-cookie";

const handleEmailSignIn = async () => {
  const auth = getAuth();
  const email = window.prompt(" 確認のためメールアドレスを入力してください。");

  try {
    const result = await signInWithEmailLink(auth, email, window.location.href);
    const idToken = await getIdToken(result.user, true);

    // Cookie から CSRF Token を取得する
    const csrfToken = Cookies.get("csrfToken");

    // バックエンドに ID Token を送信
    await postIdToken(idToken, csrfToken);
  } catch (error) {
    alert(` ログインに失敗しました。\n${error.message}`);
  }
};
export default handleEmailSignIn;
```

　認証は、Firebase AuthのsignInWithEmailLink()で行っています。認証に成功したら、getIdToken()でIDトークンを取得し、CSRF対策トークンとともにバックエンドに送信します。この流れはソーシャルログインの場合と同じです。

　メール送信部分はsend-login-link.jsに記述していますが、その内容は第5章と同じなので、ここでは説明を省略します。

7.5 ログアウト

ここではログアウトの処理について解説します。ログインのときと同じように、まずはシーケンス図を見ていきます。

7.5.1 シーケンス図

ログアウトのシーケンス図を図7.15に示します。

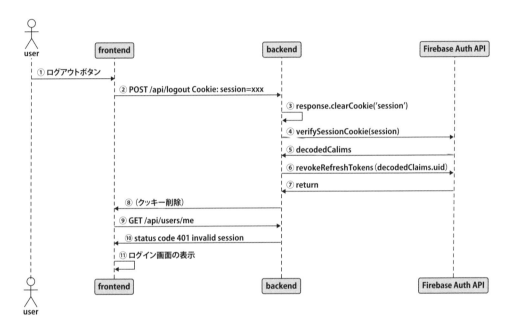

図7.15　ログアウトのシーケンス

① ユーザーがログアウトボタンを押す

② 「POST /api/logout」のリクエストが送られる

③ バックエンドでクッキーの session キーをクリアする

④〜⑤ セッショントークンからユーザーの属性情報を取得

⑥〜⑦ ユーザー識別子 (uid) をキーにして revokeRefreshTokens() でセッションを無効化する

⑧ レスポンスがフロントエンドに返る

⑨ 「GET /api/users/me」のリクエストを送る

⑩ ステータスコード 401「invalid session」が返る

⑪ ログアウト状態と判断してログイン画面が表示される

　ここでのポイントは③から⑧の処理です。③でクッキーのセッションキーをクリアするとログアウト状態になりますが、Firebase Authとのセッションは継続しているので、セッショントークンも有効なままです。

　とはいえ、セキュリティ要件がシビアではない多くのアプリではこれで十分でしょう。ただし、Firebase Authとのセッションが残っている以上、IDトークンの取得などはできてしまう状態なので、設計が矛盾していないか確認は必要です。

　サンプルアプリではこのあとFirebase Authとのセッションを無効化します。セッションキーをクリアしたあと、セッショントークンから該当するユーザーの情報を取得し（図7.15の④、⑤）、Admin Auth APIのrevokeRefreshTokens()を呼び出しています（図7.15の⑥）。

　revokeRefreshTokens()の引数はユーザー識別子（uid）であり、このユーザーのFirebase Authとのセッションがすべて無効化されセッショントークンも無効になります。その際、別のブラウザーでログインしているものも含めてFirebase Authとのすべてのセッションが無効化されることにご注意ください。セキュリティ要件として必要である場合はこの処理を入れてください。

7.5.2　バックエンド

　ログアウトに関係するバックエンドのAPIはPOST /api/logoutです。図7.15の②で利用します。

```
POST /api/logout HTTP/1.1
Cookie: csrfToken=9ecy5QW5FJdfcbQIW2AFpjxcQ7y65WSphsDIdaas
```

　バックエンドはクッキーからセッショントークンを取得してセッションを検証します。セッションが有効である場合、クッキーのセッションキーをクリアしてセッショントークンを無効化します。

　処理に成功したら以下のレスポンスを返します。

```
HTTP/1.1 201 Created
Content-Type: application/json
session=

{}
```

　セッションが不正な場合は以下のレスポンスを返します。

```
HTTP/1.1 401 Unauthorized
```

```
Content-Type: application/json

{
  "error": "invalid_session"
}
```

■ 実装

実装をリスト7.15に示します。

リスト7.15　server.js

```javascript
app.post("/api/logout", async (request, response) => {
  const sessionCookie = request.cookies?.session || "";

  try {
    const decodedClaims = await getAuth().verifySessionCookie(
      sessionCookie,
      true
    );

    await getAuth().revokeRefreshTokens(decodedClaims.uid);
  } catch (error) {
    response.clearCookie("session");
    response.status(401).json({ error: "invalid_session" });
    return;
  }
  response.clearCookie("session");
  response.status(201).json({});
});
```

getAuth().revokeRefreshTokens()でセッションを無効化しています。このAPIを使うと、ア
プリにログインしているすべてのブラウザのFirebase Authとのセッションが切れてしまう点
にご注意ください。アプリの内容的に、そこまでセキュリティに敏感になる必要がなければ
getAuth().revokeRefreshTokens()は使わず、クッキーのsessionキーの値をクリアするだけで
もいいでしょう。

7.5.3　フロントエンド

フロントエンドではログアウトボタンにひも付けて、バックエンドに「POST /api/logout」の
リクエストを送るだけです。そして最後に、画面切り替えのためにログイン状態変化イベント
を発火させます。

実装をリスト7.16に示します。

リスト7.16　logout.js

```
import loginStatusChangeEvent from "./event";

const logout = async () => {
  const response = await fetch("/api/logout", {
    method: "POST",
  });

  if (!response.ok) {
    alert(`ログアウトでエラーが発生しました。\n${response.statusText}`);
  }
  document.dispatchEvent(loginStatusChangeEvent);
};
export default logout;
```

Firebase Auth とバックエンドとのセッション

　今回のアプリでは、Firebase Auth とのセッションと、バックエンドとのセッションの2つの
セッションを考慮する必要があります。アプリの実装としてはFirebase Auth とバックエンド
のセッション開始・終了を同期させているので、どちらか片方だけセッションが残り続けるの
は、以下のケースに限られます。

- 管理者画面でユーザーを一時凍結状態にした
- 別のブラウザでログアウトして revokeRefreshTokens() が発動した

　上記の状況では「バックエンドのセッションは残っているのに、Firebase Auth とのセッショ
ンは切れている状態」になるのでこの状態でFirebase Auth とのセッションが前提になってい
るFirebase Auth API を利用するとエラーが発生します。サンプルアプリで利用しているAPI
でいうと、ログイン中のユーザーで再認証を行うためのAPIである reauthenticateWithPopup()
がそれにあたります。

　この状態になったときに、バックエンドとのセッションも終了させるため、本アプリでは以
下のようにしています。

1. この状況でエラーが発生した場合にログイン状態変化イベント loginStatusChangeEvent を
発生させる
2. イベントリスナーがバックエンドに「GET /api/users/me」のリクエストを投げる
3. バックエンドが getAuth().verifySessionCookie() でセッショントークンを確認し、
Firebase Auth とのセッションが切れていることを検知する
4. バックエンドがクッキーの session キーをクリアし、invalid_session のエラーを返す

5. invalid_session を受け取ったフロントエンドはログイン画面を表示する

7.6 ユーザーの物理削除

本節では、ユーザーの物理削除機能を実装します。

7.6.1 シーケンス図

退会のシーケンス図を図7.16に示します。

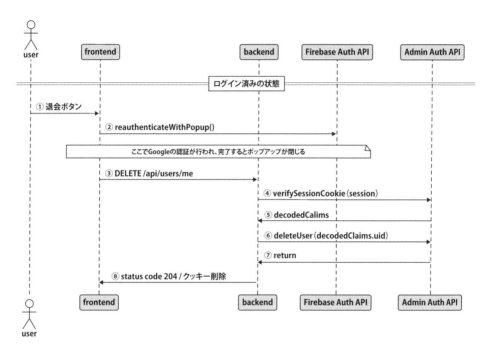

図7.16 退会のシーケンス

① ユーザーが退会ボタンを押す

② Firebase Auth API の reauthenticateWithPopup() を利用して再認証画面を表示する

③ 認証に成功した場合、「DELETE /api/users/me」のリクエストを送る

④〜⑤ セッショントークンの情報からユーザー識別子を取得する

⑥〜⑦ Admin Auth API の deleteUser() でユーザーを削除する

⑧ クッキーの session キーをクリアして、ステータスコード 204 のレスポンスを返す

　　ユーザー削除の前にFirebase AuthのAPIである`reauthenticateWithPopup()`を使って再度認証を求めます。

　　再認証に成功したあとはフロントエンドから「`DELETE /api/users/me`」のリクエストを送ります。バックエンドはクッキーのセッショントークンをもとにユーザー識別子を取得し、Admin Auth APIの`deleteUser()`でユーザーを削除します。

　　その後、ログアウト状態にするためにクッキーの`session`キーをクリアしてレスポンスを返します。リクエストのメソッドが`DELETE`のため、ステータスコードは204にしています。

7.6.2　バックエンド

　　退会に関するバックエンドのAPIは`DELETE /api/users/me`です。このAPIが呼び出されるとバックエンドはユーザーの物理削除を行います。図7.16の③で利用します。

```
DELETE /api/users/me HTTP/1.1
Cookie: session=eyJhbGciOiJSUz...KUvIomE9a8H0aMhtWVIVZyMDgcZFQ
```

　　リクエストを受けたバックエンドは、クッキーのセッショントークンを検証します。

　　セッションが有効な場合、ユーザーを削除して、クッキーのセッションキーをクリアします。処理に成功したら以下のレスポンスを返します。

```
HTTP/1.1 204 No Content
session=
```

　　セッションが不正な場合は以下のレスポンスを返します。

```
HTTP/1.1 401 Unauthorized
Content-Type: application/json

{
  "error": "invalid_session"
}
```

■ バックエンドの処理の概要

　　バックエンド処理の流れは以下のとおりです。

- フロントエンドのリクエストのクッキーにセッショントークンを確認する
- ユーザーを削除する

- クッキーのセッショントークンを削除する

実装

実装をリスト7.17に示します。

リスト7.17　server.js

```
app.delete("/api/users/me", async (request, response) => {
  const sessionCookie = request.cookies?.session || "";

  if (!sessionCookie) {
    response.status(401).json({ error: "invalid_session" });
    return;
  }

  try {
    const decodedClaims = await getAuth().verifySessionCookie(
      sessionCookie,
      true
    );
    await getAuth().deleteUser(decodedClaims.uid);
  } catch (error) {
    response.clearCookie("session");
    response.status(401).json({ error: "invalid_session" });
    return;
  }
  response.clearCookie("session");
  response.status(204).json({});
});
```

これまでと同じく、クッキーからセッショントークンを取り出して、getAuth().verifySession
Cookie()でユーザーの属性情報を取得します。その後、getAuth().deleteUser()によりユーザー
を削除します。

7.6.3　フロントエンド

フロントエンドでは退会ボタンが押されたときの処理を実装します（リスト7.18）。

リスト7.18　delete-account.js

```
import {
  getAuth,
  GoogleAuthProvider,
  reauthenticateWithPopup,
```

```
} from "firebase/auth";
import loginStatusChangeEvent from "./event";

const deleteAccount = async () => {
  const auth = getAuth();
  try {
    const provider = new GoogleAuthProvider();
    const user = auth.currentUser;
    await reauthenticateWithPopup(user, provider);
    const response = await fetch("/api/users/me", {
      method: "DELETE",
    });

    if (!response.ok) {
      alert(`退会に失敗しました。\n${response.statusText}`);
    }
    document.dispatchEvent(loginStatusChangeEvent);
  } catch (error) {
    alert(`退会に失敗しました。\n${error.message}`);

    // Firebase Auth でユーザーが無効化されている可能性があるためその場合はログイン画面に戻す
    if (error.code === "auth/user-disabled") {
      document.dispatchEvent(loginStatusChangeEvent);
    }
  }
};

export default deleteAccount;
```

　退会ボタンが押されたらreauthenticateWithPopup()で再認証を行います。そして再認証が成功したら、「DELETE /api/users/me」のリクエストをバックエンドに送信します。

　ログアウトのところで、「Firebase Authでセッションが無効になった場合に、バックエンドのセッションも終了させる」処理が以下の箇所です。

```
    // Firebase Auth でユーザーが無効化されている可能性があるためその場合はログイン画面に戻す
    if (error.code === "auth/user-disabled") {
      document.dispatchEvent(loginStatusChangeEvent);
    }
```

　ユーザーが無効化されているとreauthenticateWithPopup()でエラーコード「auth/user-disabled」のエラーが発生するので、ここでログイン状態変化イベントを発生させています。

7.7 起動と確認

　以上で、第7章のサンプルアプリの解説は終了です。7.2.5項で説明したとおり、ビルドとバックエンドを起動して、「http://localhost:4000/index.html」にアクセスして、以下の機能が使えることを確認してください。

- ソーシャルログイン
- メールリンクログイン
- ログアウト
- ユーザーの物理削除

索引